YUMI BINGCHONGHA
FANGKONG JISHU
ZHISHI WENDA

玉米病虫害
防控技术
知识问答

郭　成　吕和平　主编

甘肃科学技术出版社

图书在版编目（CIP）数据

玉米病虫害防控技术知识问答 / 郭成，吕和平主编
. -- 兰州 : 甘肃科学技术出版社，2018.8（2019.7重印）
ISBN 978-7-5424-2630-7

Ⅰ.①玉… Ⅱ.①郭… ②吕… Ⅲ.①玉米－病虫害
防治－问题解答 Ⅳ.①S435.13-44

中国版本图书馆CIP数据核字(2018)第193813号

玉米病虫害防控技术知识问答

郭　成　吕和平　主编

责任编辑　何晓东
封面设计　陈妮娜

出　版　甘肃科学技术出版社
社　址　兰州市读者大道568号　730030
网　址　www.gskejipress.com
电　话　0931-8773023　（编辑部）　0931-8773237　（发行部）
京东官方旗舰店　https://mall.jd.com/index-655807.html

发　行　甘肃科学技术出版社　　印　刷　兰州新华印刷厂
开　本　710mm×1020mm　1/16　　印　张　8.75　插　页　1　字　数　134千
版　次　2018年12月第1版
印　次　2019年7月第2次印刷
印　数　1 001～11 000
书　号　ISBN 978-7-5424-2630-7　定　价　27.00元

主要农作物病虫草害防控技术
知识问答系列丛书
编　委　会

主　　编：吕和平

副 主 编：郭致杰　张新瑞

编　　委：罗进仓　杜　蕙　郑　果

郭　成　刘长仲　孙新纹

技术顾问：孟铁男

本册编委会

本册主编：郭　成　吕和平

编　　委：郭满库　张新瑞　周天旺

王春明　徐生军　张大伟

序

　　"甘肃省利用世行贷款建设农村经济综合开发示范镇"项目由甘肃省发改委世行贷款项目办公室组织实施。项目区涉及庆阳市西峰区董志镇、平凉市灵台县十字镇、天水市麦积区甘泉镇、秦州区皂郊镇、定西市岷县梅川镇、陇西县文峰镇；白银市靖远县东湾镇、景泰县红水镇；张掖市甘州区党寨镇、肃南县红湾寺镇；酒泉市的玉门市花海镇和敦煌市七里镇等共计7市12个镇，面积7264km^2。

　　该项目重点围绕项目区乡镇优势主导产业和支柱产业的发展进行相关的基础设施建设，从而有效推进城乡一体化建设进程，并以此推动各示范镇及周边地区社会、经济和环境的可持续发展。由于该项目的建设内容与各项目镇农业主导产业和特色农产品的生产密切相关，按世行《病虫害管理环境评估》的要求，必须对项目区农户进行农作物病虫害的综合治理培训。为此，在先期调研的基础上，根据各项目镇主导优势农作物的种植及其病虫害的发生情况，以"预防为主、综合防治"的植保方针为基础，贯彻落实"公共植保"和"绿色植保"理念，编写了《蔬菜病虫害防控技术知识问答》《苹果病虫害防控技术知识问答》《葡萄病虫害防控技术知识问答》《玉米病虫害防控技术知识问答》《草地病虫鼠害防治及毒草防除技术知识问答》和《农药科学合理使用知识问答》6本培训教材。

　　可以说，培训教材是为该项目而编写，其服务对象是项目区的农技人员、农药经销商和农户。教材的内容是项目区各主要农作物常发病虫害的种类、识别特征、发生规律、传播途径及防控技术。编写体例采用问答的形式，要求简短实用、通俗易懂、图文并茂。总之，利用我们的所知、所学，为项目区现代农业可持续发展提供技术保障，为农民插上致富的翅膀，这是我们义不容辞的责任，也是我们实施这一项目的宗旨和出发点。

在丛书的编写过程中，甘肃省农业科学院"生物防治技术研究与应用"学科团队的科技工作者将多年来取得的有害生物绿色防控理论和实践成果充实到丛书中，对推动甘肃省现代农业的绿色发展具有重要的指导意义。同时，培训教材的编写也参考了部分国内已正式出版发行的书刊资料，在此一并表示衷心的感谢。由于我们的水平有限，如有不妥之处，请同行专家和读者指正。

前　言

　　玉米是禾本科一年生粮食、饲料、油料、工业原料和药用植物,为我国的三大粮食作物之一,其种植面积和产量已跃居粮食作物之首。随着社会经济的发展和人们膳食结构的改变,对玉米产量的需求不断增加,玉米在国民经济中的重要地位日趋体现。做好玉米生产工作,是加快粮食增产速度,提高人均占有粮食的有效途径,对发展畜牧业及加工工业,开展多种经营和促进农田生态系统平衡等方面都有重要意义。

　　近年来,随着全球气候变化、耕作制度的改变和作物种植结构的调整,我国玉米产业不断发展和壮大,但由于玉米大斑病、小斑病、穗腐病、纹枯病、茎基腐病、玉米螟等病虫害的危害,加之一些新的病虫害,如玉米鞘腐病等的发生及灾变规律目前还不十分清楚,防治手段滞后,在生产上造成的危害比较突出,对玉米产量和质量都造成了较大损失。这些,都制约着我国玉米产业的进一步健康发展。

　　为了更好地指导广大基层农业科技人员和农民朋友识别玉米病虫害、了解其发生和为害特点,采取相应的防治技术,控制病虫害的发生和流行,我们在多年从事玉米病虫害研究和实践的基础上,参考国内外专家和学者的大量研究成果,编写了这本《玉米病虫害防控技术知识问答》,重点介绍玉米主要病虫害的田间为害症状、发生流行规律及综合防治措施,以供基层农业科技人员、玉米制种企业及广大农民朋友参考使用。

　　本书的编写得到了甘肃省利用世界银行贷款建设农村经济综合开发示

范镇项目"病虫害管理培训与监测评估"、农业公益性行业专项"河西走廊玉米小麦药肥合剂与高效环保型喷施技术方案（201503125-06）"和国家重点研发计划"北方玉米化肥农药减施技术集成研究与示范2017YFD0201808项目的资助,特此感谢!

　　在本书的编写过程中,得到了甘肃省科协农学分会副主席、原甘肃省农业科学院副院长孟铁男研究员的大力支持,在此表示最真诚的感谢!

　　受成书时间与编者学识所限,本书当有不足与错误之处,敬请读者朋友不吝赐教,以便再版时修改和完善。

编者

2018年6月

目　　录

第一章 概 述

第一节 我国玉米生产现状

一、我国玉米生产发展现状如何?

玉米原产于中美洲,16世纪中期传入我国并广泛种植,其栽培历史已有400余年,是我国北方和西南山区及其他旱谷地区人民的主要粮食作物之一。同时,也是重要的饲料、油料、药用植物及加工工业原料。2008年玉米播种面积超过水稻,跃居粮食作物之首,2012年播种面积和产量均居第一。随着社会经济的发展和人们膳食结构的改变,对玉米产量和品质的要求不断提高,玉米在农业生产和国民经济发展中发挥着重要的作用。

目前,全球玉米种植面积超过1.68亿公顷,年产量9.65亿吨。我国玉米种植面积、总产量和消费量仅次于美国,均居世界第二位。其中,年种植面积约3510万公顷,年产约2.11亿吨。近年来,我国的畜牧养殖业迅速发展,化学工业突飞猛进,但与其相对应却的是中国养殖业的饲用原料依赖国外,国内市场供求矛盾十分突出。我国由2010年以前的玉米净出口国转为净进口国,2011—2012年我国玉米进口量达520万吨,创纪录高位,2013—2014年度玉米进口量更高至700万吨。作为全球第二大玉米生产和消费国,我国依靠进口来满足畜牧养殖业和加工工业的发展,这折射出中国在努力实现食品自给自足方面所面临的严重挑战,同时也对我国玉米产业的发展提出了更高的要求和期望。

二、我国玉米种植区有哪些?

玉米作为禾本科草本植物在生长过程中具有极强的适应能力,生长条件不受土壤酸碱性与地形的具体限制,但与气候条件密切相关。根据各地的自然条件及耕作栽培制度,我国的玉米种植区大体划分为:

1.北方春播区:包括黑龙江、吉林、辽宁、宁夏和内蒙古的全部,山西的大部,河北、陕西和甘肃的一部分,是中国的玉米主产区之一。

2.黄淮平原春夏区:包括黄河、淮河、海河流域中下游的山东、河南的全部,河北的大部,山西中南部、陕西关中和江苏省徐淮地区,是全国最大的玉米集中产区。

3.西南丘陵山地区:包括四川、云南、贵州和重庆,也是中国的玉米主要产区之一。

4.南方丘陵区:包括广东、海南、福建、浙江、江西、台湾全部,江苏、安徽的南部,广西、湖南、湖北的东部。

5.西北灌溉区:包括新疆、甘肃的河西走廊及宁夏的河套灌溉区。

6.青藏高原区:包括青海和西藏,玉米是该地区新兴的农作物之一,以青贮玉米为主,栽培历史较短,种植面积不大。

三、我国玉米栽培品种有哪些?

我国玉米种植历史悠久,栽培品种较多,现仅将2014年农业部主推玉米品种汇总如下:①北方春播区,主推吉单27、辽单565、兴垦3号、农华101、京科968、龙单59、利民33、德美亚1号、京科糯2000、良玉88。②黄淮平原春夏区:郑单958、浚单20、鲁单981、金海5号、中科11号、蠡玉16、中单909、登海605、伟科702、京单58、苏玉29。③西南丘陵山地区:川单189、东单80、雅玉889、成单30、中单808、桂单0810、荃玉9号、云瑞88、苏玉30。④南方丘陵区:苏玉30。⑤西北灌溉区:KWS2564。

四、玉米杂交种如何分类?

1.按籽粒形态与结构分类：根据籽粒有无稃壳、籽粒形状及胚乳性质将玉米分成8个类型，即硬粒型、马齿型、粉质型、甜质型、甜粉型、爆裂型、蜡质型和有稃型。

2.按生育期分类：根据生育期的长短，可分为早、中、晚熟3个类型。

3.按用途与籽粒组成成分分类：根据籽粒的组成成分及特殊用途，可将玉米分为特用玉米和普通玉米两大类。特用玉米一般指高赖氨酸玉米、糯玉米、甜玉米、爆裂玉米和高油玉米等；特用玉米以外的玉米类型，即为普通玉米。

五、什么是转基因玉米?

转基因玉米就是利用现代分子生物技术，把种属关系十分遥远且有用植物的基因导入需要改良的玉米遗传物质中，并使其后代体现出人们所追求的具有稳定遗传性状的玉米。转基因技术是生产转基因玉米的核心技术，就是利用DNA重组技术，将人们所需要的某种外源基因，如抗虫、抗病等基因，转移到需要改良的玉米受体中，使之产生定向的、稳定遗传的改变，从而使我们需要改良的玉米获得某种新的性状，如转基因抗虫玉米、抗病玉米等。

六、食用转基因玉米安全吗?

关于转基因食品的安全性，目前国际上没有统一说法，存在争议。争论的焦点是转基因玉米是否会产生毒素、是否可通过DNA蛋白质过敏反应、是否影响抗生素耐性等方面，一句话，就是是否对人类健康构成威胁。

七、转基因食品标识与安全性有关系吗?

转基因食品就是凡原料采用进口或经过农业部批准种植的转基因农产

品及其直接加工品的食品。对转基因产品进行标识,是为了确保公众的知情权和选择权。转基因食品是否安全是通过安全评价得出的,即通过安全评价获得安全证书的转基因产品是安全的。因此,转基因产品的标识与安全性无关。

八、我国标识的农业转基因产品有哪些?

2002年,中华人民共和国农业部发布了《农业转基因生物标识管理办法》,制定了首批标识目录,对在中华人民共和国境内销售的大豆、油菜、玉米、棉花、番茄5类17种转基因产品进行强制定性标识,其他转基因农产品可自愿标识。自首批标识目录发布至今,我国批准种植的转基因作物仅有棉花和番木瓜,批准进口用作加工原料的有大豆、玉米、棉花、油菜和甜菜5种作物。

九、标识转基因产品的难度在哪儿?

对哪些产品进行标识,是根据标识的可能性、可操作性、经济成本、监管可行性等多种因素综合考虑确定的。如转基因木瓜未列入我国首批标识目录,主要是因为目前我国农民小规模分散种植的木瓜仍占较高比例,农民直接到农贸市场销售,这样很难做到对所有木瓜进行标识。标识的成本很高。当前,国际上还没有任何一个国家对所有的转基因产品进行标识。

十、国外对农业转基因产品标识的现状如何?

当前,包括美国在内的一些国家,采取转基因食品自愿标识制度或对标识没有要求。欧盟、日本等60多个国家,要求对转基因食品进行定量标识,即食品中检测含有超过一定量的转基因成分,就强制标识。如对转基因监管最严格的欧盟要求食品中转基因成分超过0.9%以上,必须进行标识,而转基因成分低于0.9%的无须进行标识。

十一、国际上的转基因技术发展态势如何？

现在全球转基因技术研发势头极为强劲，发达国家都在抢占转基因技术的制高点，而许多发展中国家也不甘示弱，正在积极跟进。因为美国是最早商业化种植转基因作物的国家，转基因抗虫玉米和抗除草剂大豆的种植面积已分别超过常规玉米、大豆面积的90%。美国市场上70%的加工食品都含有转基因成分。目前，美国政府态度积极，方向也非常明确，已经占据了全球转基因产业发展的先机，在全球种业具有明显优势。

欧洲转基因技术的研发水平曾一度领先于美国，但由于考虑到转基因的安全性问题等因素，之后态度趋于谨慎，目前已大大落后于美国。如今，欧盟部分成员国也在积极推动政策调整，2013年西班牙、葡萄牙、罗马尼亚、捷克和斯洛伐克等5个欧盟国家抗虫玉米的种植面积已达到14.8万公顷，其中西班牙种植面积最大，占其种植面积的94%。2014年2月11日，欧盟部长会议还通过了对杜邦先锋良种公司培育的一种新型转基因抗虫玉米TC1507的种植许可。这表明，欧盟的转基因政策正在发生一些变化。

十二、玉米病害发生种类和为害情况如何？

玉米病害是影响玉米产量和品质的重要生物灾害，从玉米播种到收获，不同生长发育阶段都会发生不同病害。玉米病害主要分两大类，一类是侵染性病害，另一类是非侵染性病害。侵染性病害是由某种微生物的侵染寄生而引起，其种类较多，包括真菌、细菌和病毒等，其中真菌性病害发生普遍，为害严重。据不完全统计，全世界玉米发生侵染性病害160余种，其中真菌性主要病害60多种，病毒性病害10多种，细菌性病害10余种。非侵染性病害是由于在玉米生长过程中受到异常环境，如干旱、低温或缺乏某种微量元素而引起的不具侵染性的生理异常反应造成的病害。非侵染性病害一般也称为生理性病害。

近年来，随着全球气候变化、耕作制度改变及作物种植结构调整，我国玉米产业不断壮大和发展，使得轮作倒茬变得日益困难，致使玉米茎基腐病、根腐病、穗腐病、大斑病、小斑病、纹枯病等病害在我国又开始回升蔓延并呈加重趋势。由于应急防治手段滞后，在生产上造成的为害比较突出，损失惨重。

十三、玉米虫害发生种类和为害情况如何？

据资料记载，世界上为害玉米的害虫有400余种，在我国有250余种，分为地下害虫和地上害虫。在玉米上发生普遍的地下害虫有蛴螬、蝼蛄、金针虫；地上害虫有黏虫、灰飞虱、玉米螟、蚜虫和红蜘蛛等。玉米前期虫害以玉米螟、黏虫、地下害虫、蓟马、二点委夜蛾等为主，玉米中后期虫害以钻蛀性、食叶性、刺吸性害虫为主，其中玉米螟、黏虫、蚜虫等为害较重；棉铃虫、叶螨、双斑萤叶甲等在部分地区造成一定为害。

1. 钻蛀性害虫。一代玉米螟在黑龙江、吉林偏重至大发生；二代玉米螟在辽宁、山西偏重发生，吉林、内蒙古、华北大部及西南中等发生，西北和黄淮大部偏轻发生；三代玉米螟在山西南部偏重发生，华北、黄淮其他地区中等发生。三代棉铃虫在河北、山西、山东和河南中等至偏重发生，华北及其他地区和西北大部偏轻发生。

2. 食叶性害虫。三代黏虫在东北、华北大部中等发生，其他地区偏轻发生。双斑萤叶甲在山西北部偏重发生，内蒙古、吉林和陕西中等发生。

3. 刺吸性害虫。蚜虫在河南、山西北部和宁夏偏重发生，黑龙江、吉林、山东南部、湖北、湖南和云南中等发生，其他大部地区偏轻发生。叶螨在山西偏重发生，东北和西北大部中等发生。

第二节 病害基础知识

一、什么是植物病害及其对植物生理功能的影响?

植物病害是植物由于受到病原生物或不良环境条件的持续干扰,其干扰强度超过了植物本身能够忍耐的程度,使植物正常的生理功能受到严重影响,在生理和外观上表现出异常并导致植物品质下降,产量降低,甚至死亡,给农业生产造成直接经济损失。

植物病害对植物生理功能的影响主要表现在:①水分和矿物质的吸收与输导;②光合作用;③养分的转移与运输;④生长与发育速度;⑤产物的积累与贮存;⑥产物的消化、水解与再利用。

二、作物感病后,表现出什么样的症状?

作物感病后,表现出来的症状十分复杂,按照症状在植物体显示部位的不同,可分为内部症状和外部症状两大类。在外部症状中,按照有无病原物子实体显露可分为病征和病状两种。

内部症状是指患病(罹病)植物体内细胞形态或组织结构发生的变化,可以在显微镜下观察与识别,少数要经过专门处理后,在电子显微镜下才能识别。常见的如萎蔫病组织中的侵填体和胼胝质等,根茎部的维管束系统受真菌或细菌的侵害后,在外部显示萎蔫症状以前,内部已坏死变褐,通过剖茎检查,可以看到明显的病变。

外部症状是指在罹病植物外部所表现出的种种病变,肉眼可以识别。如变色、坏死、萎蔫、腐烂和畸形等,即在病部所看到的状态,叫病状。此时,在病部上出现的病原微生物的个体,叫作病征,如在病部所产生的霉状物或丝状物、粉状物或锈状物、颗粒状物、点状物、索状物、真菌的流胶或细菌的菌脓、线虫的虫体等。病状与病征通称为症状。一种病害的发生是病原微生物、寄主作物、环境条件三者相互作用的结果。病原进入植物体的过程叫作侵入期；从侵入到作物表现症状阶段叫作潜育期；传毒介体昆虫从获毒到传毒所经过的时期叫作循回期。症状在不同病害间具有特异性和相对稳定性，凭借这种差异可以进行病害的初步诊断。

常见的病害病状很多，变化也很大，大致可分为变色、坏死、萎蔫、腐烂和畸形5大类型。

①变色：罹病植株的色泽发生改变。大多出现在病害症状的初期，尤以病毒病中最为常见，如玉米矮花叶病毒。变色症状有两种，一种是整株植株、整个叶片或叶片的一部分均匀地变色，主要表现为褪绿和黄化。另一种是叶片不均匀地变色，如常见的花叶。②坏死：染病植物局部或大片组织和细胞的死亡，因受害部位不同而表现各种症状。坏死在叶片上常表现叶斑和叶枯；植物根茎可以发生各种形状的坏死斑，如幼苗近地面茎组织的坏死，有时引起突然倒伏的称为猝倒，坏死而不倒伏的称为立枯；果树和树干上有大片的皮层组织坏死称为溃疡。③萎蔫：植物的整体或局部因脱水而枝叶萎垂的现象。典型的萎蔫症状是植物根茎的维管束组织受到破坏而发生的凋萎现象，而根茎的皮层组织可能是完好的。④腐烂：腐烂是植物组织较大面积的分解和破坏。根、茎、花、果都可发生腐烂，即形成根腐、茎腐、花腐、果腐等。腐烂可分为干腐、湿腐和软腐。⑤畸形：植株受病原物产生的激素类物质的刺激，整体或局部的形态异常。可分为增大、增生、减生和变态四种类型。

三、引起植物病害的原因有哪些？

引起植物病害的原因主要分为非生物因素和生物因素。非生物因素主要包括各种物理因素和化学因素，如：土壤与水中的有毒物质、植物自身的生理疾病、营养物质与水分的过多或过少。生物因素则包括各种真菌、细菌、病毒、寄生植物、线虫及原生动物等。

四、什么是非侵染性病害及其种类?

作物发生病害的原因是由于植物自身的生理缺陷或遗传性缺陷而引起的生理性病害,或者由于生长在不适宜的物理、化学等环境中而直接或间接引起的,而不是因病原微生物侵染寄生而发病的。这类病害不具传染性,在补充相应的微量元素或创造有利于作物生长的环境条件,作物尚能恢复其生长或减轻为害。通常把这一类病害叫作非侵染性病害或生理性病害。

非侵染性病害按病因不同,可分为:

1.植物自身遗传因子或先天性缺陷引起的遗传性病害或生理性病害。

2.物理因素恶化所致病害。

①大气温度过高或过低引起的灼伤与冻害;②大气物理现象造成的伤害,如大风、雨、冰雹等;③大气与土壤水分过多或过少,如旱灾、涝灾等;④栽培技术及农事操作不当,如早播或迟播、密度过大等。

3.化学因素恶化所致病害。

①肥料元素供应过多或不足,如缺素症和肥害等;②大气与土壤中的有毒物质的污染与毒害,如重金属超标及土壤污染等;③农药等化学药剂使用不当,如除草剂重喷、过量及有风天气施药,引起的植物损伤等。

五、什么是侵染性病害及其种类?

作物因病原生物的侵染而引起发病,这类寄生物可以通过不同方式来侵染,并形成流行性病害。通常把这类病害叫作侵染性病害、传染性病害或流行性病害。

侵染性病害按病原生物不同,还可分为:①由真菌侵染引起的真菌性病害,如玉米丝黑穗病、玉米穗腐病和玉米大斑病等;②由细菌侵染引起的细菌性病害,如玉米细菌性叶斑病和玉米细菌性茎腐病等;③由病毒侵染引起的病毒性病害,如玉米矮花叶病、玉米粗缩病和玉米条矮病等;④由寄生植物侵染引起的寄生植物病害,如菟丝子;⑤由线虫侵染引起的线虫病害,如玉米线虫病;⑥由原生动物侵染引起的原生动物病害,如椰子心腐病。

六、病原生物有哪些种类和特性?

在侵染性病害中,能在作物上寄生而使作物生病的寄生物,都是有生命的,它具有一般生物生长、发育、繁殖的属性。但由于它们形态小,肉眼看不见而通称微生物。根据微生物的形态特征、结构、致病性等特性,可区分6个界,即细胞生物的5个界,非生物细胞1个界:

动物界:线形动物门的线虫。

原生生物界:原生动物界的鞭毛虫。

植物界:菌藻植物门的寄生藻,双子叶植物门的寄生性种子植物。

菌物界:真菌门5个亚门的真菌。

原核生物界:薄壁菌门和厚壁菌门的细菌,软壁菌门的螺原体和支原体。

病毒界:病毒和类病毒。

七、什么是真菌?

真菌是具有真正细胞核、典型的营养体为丝状体,不含光合色素,主要以吸收的方式获取养分,通过产生孢子的方式进行繁殖的生物。许多寄生性真菌是植物病原菌,可以寄生植物并引起植物病害。

真菌具有以下几个主要特征:①真正的细胞核,为真核生物;②繁殖时产生各种类型的孢子;③营养体简单,大多为菌丝体,细胞壁主要成分为几丁质,有的为纤维素;④无叶绿素或其他光合色素,营养方式为异养型,需要从外界吸收营养物质。在自然界真菌有腐生、寄生和共生3种营养方式。

真菌分类按界、门、亚门、纲、目、科、属、种区分,分类依据在以往形态学的基础上,又采用了现代生物学技术,如电镜观测、生化测试、同位素技术等。现在真菌界改称为菌物界,下设5个亚门即:鞭毛菌亚门、接合菌亚门、子囊菌亚门、担子菌亚门和半知菌亚门。本书沿用了以前国内普遍使用的真菌分类系统来划分病原真菌的归属。

八、真菌的营养体有几种类型及功能是什么?

真菌的营养体大多为菌丝体,可分为无隔菌丝和有隔菌丝两种类型,少数是不具细胞壁的原生质团或具细胞壁的单细胞。真菌的营养体具有吸收、运输和贮藏养分等功能,大多为单倍体,少数为二倍体。

真菌的菌丝可以形成吸器、附着胞、附着枝、假根、菌套和菌网等多种变态结构,也可以纠集形成疏丝组织和拟薄壁组织,并有这两种菌组织形成菌核、子座和菌索等菌丝组织体。

九、真菌的繁殖方式是什么?

真菌的繁殖方式有无性繁殖、有性繁殖和准性生殖。无性繁殖可分为断裂、裂殖、芽殖和原生质割裂4种主要类型。无性繁殖产生的孢子为无性孢子,主要有游动孢子、孢囊孢子、分生孢子和厚垣孢子。有性繁殖包括质配、核配和减数分裂3个阶段,产生的孢子为有性孢子,主要有卵孢子、接合孢子、子囊孢子和担孢子。准性生殖是指一种细胞核不经过减数分裂而达到遗传物质重组的过程,与有性生殖有质的区别,主要指一些半知菌。

十、接合菌亚门真菌有哪些特点及引起哪些植物病害?

接合菌亚门真菌的共同特征是有性生殖产生的接合孢子,通常称为接合菌。营养体为单倍体,大多数是发达的无隔菌丝体。菌丝体可产生假根、匍匐菌丝等变态结构。接合菌大多都是腐生的,无性繁殖产生孢子囊,有性繁殖是以配子囊配合的方式产生接合孢子。

有些毛霉目真菌如根霉属、毛霉属和犁头霉属等,常引起贮藏期的谷物等农产品的病害。

十一、子囊菌亚门真菌有哪些特点及引起哪些植物病害?

子囊菌亚门真菌是真菌中种类最多的一个类群,共同特征是有性生殖产生子囊孢子,营养体是发达的有隔菌丝体,少数是单细胞,常形成子座和菌核等结构。无性繁殖很发达,产生大量的分生孢子,有些高等子囊菌缺乏无性繁殖阶段。有性生殖大多在营养生长后期进行,产生内含8个子囊孢子的典型子囊,是由产囊丝上的子囊母细胞发育形成的。子囊产生在有一定包被的子囊果内,子囊果有闭囊壳、子囊壳、子囊座和子囊盘;少数子囊菌的子囊裸生,不形成子囊果。子囊菌大多陆生,有腐生、寄生和共生,许多是植物病原菌,其寄生后多引起植物根腐、茎腐、果腐、穗腐、花腐、枝枯和叶斑等病害。

十二、担子菌亚门真菌有哪些特点及引起哪些植物病害?

担子菌亚门真菌是真菌中最高等的,共同特征是产生担子和担孢子,这种真菌称为担子菌。担子有隔或无隔,典型的担子上着生4个担孢子。担子菌有发达的有隔菌丝体,营养体为单倍体,细胞壁为几丁质。菌丝体有初生菌丝体和次生菌丝体两种类型,以次生菌丝体为主。次生菌丝体是经质配产生的双核细胞发育形成的双核菌丝体,在分裂过程中往往产生锁状联合的结构来增加细胞的个体。双核菌丝体可以构成菌核、菌索和担子果。有些双核菌丝体还可以繁殖产生双核孢子,如锈菌、黑粉菌。担子菌的无性繁殖大多不发达,有许多缺乏无性阶段。

担子菌大多为腐生,但锈菌和黑粉菌是重要的植物病原菌。锈菌目真菌是为害高等植物的专性寄生菌,少数可人工培养。主要为害植物的茎、叶,引起锈病。其特征是担孢子从冬孢子上产生,担子有隔,分为4个细胞,每个细胞上着生1个担孢子,担孢子着生在小梗上,可强力弹射。锈菌的营养体有单核的初生菌丝体和双核的次生菌丝体,有些锈菌的这两种菌丝体都可以侵染植物,并繁殖产生孢子。寄生在寄主植物上的菌丝体产生吸器。

黑粉菌目真菌形成黑色粉状的冬孢子,可引起植物的黑粉病。该目的特征是担子自冬孢子上产生,担孢子有隔或无隔;担孢子顶生或侧生,数目不定,担孢子不着生在小梗上,不能强力弹射。黑粉菌大多数为兼性寄生,寄生性较强,初生菌丝体不发达或缺失,主要产生次生菌丝体。菌丝体在寄主体内形成吸器。无性繁殖不发达,往往以担孢子、芽殖产生分生孢子。

十三、鞭毛菌亚门有哪些特点及引起哪些植物病害?

鞭毛菌亚门真菌的共同特征是产生具有鞭毛、可以游动的游动孢子,通常称为鞭毛菌。鞭毛菌的营养体有多种,包括原质团、具细胞壁的多核单细胞或单细胞具假根到发达的无隔菌丝体。无性繁殖产生丝状、圆筒状、球形、卵形、梨形或柠檬形的游动孢子囊,主要以释放出多个游动孢子的方式萌发,少数高等卵菌的孢子囊可以直接萌发产生芽管。有性生殖主要有游动配子配合、配子囊接触交配、体细胞融合等交配方式。

鞭毛菌亚门一般分为4个纲,约10个目,190个属,1100多种,主要依据游动孢子上鞭毛的数目、类型及着生位置等划分:①根肿菌纲;②壶菌纲;③丝壶菌纲;④卵菌纲。

与植物病害密切相关的有:①根肿菌属引起的十字花科植物的根肿病、粉痂菌属引起的马铃薯粉痂病等;②壶菌目节壶菌属中的玉蜀黍节壶菌引起的玉米褐斑病等;③卵菌纲中许多霜霉目真菌都是重要的植物病原菌,如腐霉菌、疫霉菌、霜霉菌、白锈菌。

十四、什么是细菌?

细菌分为广义的细菌和狭义的细菌。广义的细菌,即为原核生物。狭义的细菌为原核微生物的一类,即单细胞生物。细菌个体简单,大小以微米计,用高倍显微镜加染色方法观察;没有严格的寄生,一般都可以人工培养;以裂殖方式繁殖,成熟时细胞横裂为二,成为两个细胞。细菌分类依据形态、培养性状、生理生化反应和致病力等按属、种区分。

十五、病原原核生物的侵染途径是什么?

植物病原细菌一般只能从自然孔口和伤口侵入。寄生性弱的细菌一般都从伤口侵入,寄生性强的细菌,大多数可以从自然孔口侵入。无论是从自然孔口或伤口侵入,细菌都是先在寄主组织的细胞间繁殖,然后在组织中进一步蔓延。菌原体直接进入寄主细胞内繁殖,然后通过胞间连丝进入附近的细胞,进入筛管组织后在组织内扩散。

十六、病原原核生物的传播途径和侵染源是什么?

植物病原原核生物最主要的传播途径为雨水传播,还可以由介体传播,如玉米细菌性萎蔫病的病原细菌是由几种昆虫传播的,其中最主要的是玉米齿叶甲。

病原原核生物病害的侵染来源主要有:①种子和无性繁殖器官;②土壤;③病株残体;④杂草和其他植物;⑤昆虫介体。

十七、植物病原原核生物的主要类群有哪些?

《伯杰氏细菌鉴定手册》(1994)将原核生物界分为薄壁菌门、厚壁菌门、软壁菌门和疵壁菌门。但在最近一版中,改为真细菌和古细菌4个大组35个群,真细菌分别为革兰氏阴性真细菌组、革兰氏阳性真细菌组和无细胞真菌组。引起植物病害的细菌种类很多,以革兰氏阴性真细菌组的病菌最多,主要有:①土壤杆菌属,包括放射形土壤杆菌、根癌土壤杆菌、发根土壤杆菌及悬钩子杆菌;②布克氏菌属,如引起洋葱腐烂病的洋葱布克氏菌;③欧文氏菌属,如引起十字花科软腐病的欧文氏菌及玉米细菌性茎腐病病菌软腐欧文氏菌玉米专化型;④假单胞杆菌属,如玉米细菌性条斑病菌高粱假单胞菌;⑤劳尔氏菌属,如茄科的青枯病菌;⑥黄单胞杆菌属,如十字花科植物细菌性病害病菌野油菜黄单胞菌;⑦木质部小菌属,如苜蓿矮化病病菌难养菌等;⑧韧皮部杆菌属,如柑橘黄龙病菌等。

革兰氏阳性真细菌组主要有:①棒形杆菌属,如马铃薯环腐亚种病菌;②链丝菌属,如马铃薯疮痂病菌等。

无细胞真菌组是一类无细胞壁,但有细胞膜包围的单细胞原核生物,与植物病害有关的是螺原体属和植原体属等。

十八、什么是病毒?

病毒是包被在蛋白或脂蛋白保护性外壳中,只能在适合的寄主细胞内完成自身复制的一个或多个基因组的核酸分子,又称为分子寄生物。病毒大小以纳米(百万分之一毫米)计,只能采用电子显微镜才能观察。它是一种绝对专性寄生物,完全靠植物细胞内已有的核糖体进行复制、遗传和变异。本身没有主动侵入植物愈伤组织的能力,必须通过细胞微伤、汁液摩擦和介体昆虫或其他生物传播。病毒分类依据形态、理化性状、血清、分子结构等,按目科属种区分。目前已知植物病毒约800种之多,分属1目,11科,47属。

20世纪70年代以前,病毒是指能通过细菌过滤器的非细胞形态生物。现今,随着科学技术的发展,又发现一些看不到病毒质粒,而且只能由虫传的"病毒",称为类菌原体。它具有简单的类似细胞的结构,但无细胞壁。类菌原体在分类地位上介于细菌与病毒之间。另外,还有一类比病毒更小的亚病毒,包括:类病毒,只有核酸无蛋白衣壳的病原物;朊病毒,是一种分子量更小的蛋白质侵染因子,只有蛋白质而无核酸。这种朊病毒目前只在动物上发现。

十九、植物病毒的形态是什么,有哪些组分?

植物病毒的基本形态特征为粒体,大多数病毒的粒体为球状、线状和杆状,少数为弹状、杆菌状和双联体状。

植物病毒组分主要成分是核酸和蛋白质。除蛋白和核酸外,植物病毒含有的最大量的其他组分是水分。碳水化合物主要发现在植物弹状病毒科病毒中,以糖蛋白或脂类的形式存在于病毒的囊膜中。另外,某些病毒含有多胺类物质。

二十、植物病毒有哪些传播方式?

根据自然传播方式的不同,可分为介体传播和非介体传播两类。介体传播是指病毒依附在其他生物体上,是借其他生物体的活动而进行的传播,包括动物介体和植物介体两类。非介体传播是指在病毒传递中无其他有机体介入的传播方式,包括汁液接触传播、嫁接传播和花粉传播等。

二十一、什么是寄生性植物?

寄生性植物指植物由于根系或叶片退化,或者缺乏足够的叶绿素,不能自养,必须从其他的植物上获取营养物质而营寄生生活。大多属于高等种子植物,能开花结籽。可分为全寄生和半寄生,全寄生的植物叶片退化,叶绿素消失,根系蜕变为吸根,如菟丝子、列当、天根藤等。半寄生又称水寄生,具叶绿素,能进行光合作用合成有机物质,缺乏根系,主要吸收水分。

二十二、什么是线虫?

线虫又称蠕虫,是一类低等动物,其分布广,种类多,大量营腐生生活,分解动植物残体,也能为害真菌、动物和人。活动性不大,在15厘米耕层较多,特别是根际最多。自身运动在一个生长季节内不超过1米,主要依靠携带和水流传播。在取食过程中,穿刺吸食对植物造成创伤和营养的掠夺,更有主动侵袭植物的能力和自行转移为害的特点。

二十三、什么是病原生物的寄生性和致病性?

寄生性是指寄生物从寄主体内夺取养分和水分等生活物质以维持生存

和繁殖的特性。一种生物生活在其他活的生物上，以获得它赖以生存的主要营养物质，这种生物称为寄生物。共给寄生物以必要生活条件的生物，称为寄主或宿主。寄生物分为专性寄生物和非专性寄生物。

致病性是病原物所具有的破坏寄主并引起病害的特性。病原物的致病性和致病作用，是病原物一种的属性。属于同一种病原物的不同小种、菌系、株系或群体，致病力强弱还有可能不同。因此有人主张将致病力的强弱分为毒力和侵袭力两种。

二十四、什么是植物的抗病性？

植物的抗病性包括广义抗病性和狭义抗病性。广义抗病性是指对非侵染性病害或侵染性病害，植物都具有一定程度的抵抗病害的能力。狭义抗病性是指植物对侵染性病害的抵抗能力。

植物一般是从结构抗性和生化抗性两个方面抵御病原生物的侵染。在寄主的抗病性中，根据病原物与寄主植物的相互关系和反抗程度的差异，通常可分为避病性、抗病性和耐病性。

1.避病性：指一些寄主植物可能使其生育期与病原物的侵染期不相遇，或者缺乏足够数量的病原物接种体，在田间生长时不受侵染，从而避开了病害。

2.抗病性：指寄主植物对病原生物具有组织结构或生化抗性的性能，可阻止病原生物的侵染。抗病性根据流行学，可分为垂直抗病性和水平抗病性。

3.耐病性：指植物对病害的忍耐程度。

二十五、什么是病害的侵染过程？

病害的侵染过程是指病原物与寄主植物可侵染部位接触，并侵入到寄主植物，在植物体内繁殖和扩展，然后发生致病作用，显示病害症状的过程。侵染过程可分为：

①接触期：指病原物的接种体在侵入寄主之前的阶段；②侵入期：指病原物与寄主接触侵入到建立寄生关系的阶段；③潜育期：指病原物与寄主建立了寄生关系到出现明显症状的阶段；④发病期：指出现症状直到生长期结束，甚至植株死亡为止的整个阶段。

二十六、什么是病害循环?

病害循环是指一种病害从病害的前一生长季节开始发病到后一季节再度发病的过程，包括病原物的侵染、传播、越冬（有些病害还存在越夏问题）三个环节，构成植物病害的侵染循环。该循环是由植物病害发生开始，到下一年再度发生为止的周年发生发展程序。由于病害种类不同，组成病害的寄主植物、病原物所需环境条件的差别，致使不同病害在侵染、传播、越冬环节上各有其特殊性，形成不同的侵染循环。

一般侵染循环有二大类型：无再侵染的侵染循环和有再侵染的侵染循环。

二十七、无再侵染的侵染循环有什么样的特点?

一年只有一次侵染，如小麦散黑穗病，每年小麦开花期，病穗上的黑粉即黑粉菌的厚垣孢子，随气流传到小麦花器的柱头上，当相对湿度较高时便发芽侵入柱头，进入小麦的子房中，以菌丝状态在幼胚中休眠、潜伏而无田间的第二次再侵染。带菌种子第二年播种时，病菌即随生长点的生长而生长，在幼穗中定植、抽穗前后使整穗变为黑粉。

二十八、有再侵染的侵染循环有什么样的特点?

这种侵染是指病原微生物一年中在田间可对寄主植物发生多次的侵染。来自越冬场所的病原物第一次侵染为初侵染。由初侵染生成的病原物所引起的各次侵染为再侵染，当寄主和环境条件不适于发生再侵染时，病菌即以各自的方式越冬,到第二年再行初侵染,如小麦条锈病,当冬季气温下降到1℃~2℃时,病菌以菌丝状态在冬麦麦叶中越冬。来年冬麦返青后,于2月下旬至3月上、中旬开始显病,在条件适宜时,不断进行再侵染。条锈菌的潜育期随温度升高而变短,如平均气温-3℃~1℃,潜育期46~80天;12℃~15℃时潜育期9~14天;15℃~20℃潜育期最短为6~11天。当夏季平均气温20℃以上时不能越夏存活,西北和川西北冷凉山区夏季气温低,是我国锈菌的重要越夏区。秋季条锈菌由夏田的自生麦苗传到早播冬麦区的秋苗上继续再侵染,直至越冬。

侵染循环是植物病害的核心问题之一,各种防治策略和措施,都是依据其侵染循环特点而制定。

二十九、植物病原的越冬、越夏场所有哪些?

病原物的越冬和越夏是指在寄主植物收获或休眠以后,病原物以何种方式和在何种场所度过寄主休眠期而成为下一季节的初侵染来源。病原物的越冬或越夏与某一特定地区的寄主生长的季节性有关。

植物病原的越冬、越夏场所主要有:①田间病株;②种子、苗木和其他繁殖材料;③土壤;④病株残体;⑤肥料。

三十、植物病原物的传播方式有哪些?

各种病原物传播的方式和方法虽不相同,但传播方式与病原物的生物学特性密切相关。植物病原物的传播方式有:①气流传播,如玉米大斑病、小斑病等;②雨水和流水传播,如玉米细菌性叶斑病等;③生物介体传播,如蚜虫传播玉米矮花叶病毒等;④土壤传播和肥料传播,如玉米丝黑穗病和玉米根腐病等;⑤人为因素传播,如带病毒病的玉米种子。

三十一、植物病害流行因子有哪些?

植物病害的流行受到寄主植物群体、病原物群体、环境条件和人类活动等诸方面多种因子的影响,主要有:①感病寄主植物,是植物病害流行的基本前提;②寄主植物大面积集中种植和栽培;③强致病性的病原生物;④病原物的数量多、繁殖快;⑤有利于病害发生和扩展的环境条件。

二十二、植物病害的预测种类有哪些?

根据预测内容和预报量的不同,可分为流行程度预测、发生期预测和损失预测等:①流行程度预测可分为大流行、中度流行、轻度流行和不流行;②发生期预测是估计病害可能发生的时期;③损失预测也称损失估计,主要根据病害流行程度预测减产量。

按照预测的时限可分为长期预测、中期预测和短期预测:

①长期预测习惯上指一个季度以上,有的是一年、多年,根据病害流行的周期性和长期的天气预报等资料做出预测。②中期预测一般指一个月至一个季度,多根据当时的发病数量或菌源量数据、作物生育期的变化以及实测的或预测的天气要素做出预测,准确性比长期预测高。③短期预测指时限在一周之内,有的只有几天,主要根据天气要素和菌源情况做出预测。

三十三、植物病害的预测依据有哪些?

病害流行预测的依据主要有:①菌源量预测;②气象条件预测;③菌源量和气象条件预测;④菌源量、气象条件、栽培条件和寄主植物生育状况预测。

三十四、植物病害的预测方法有哪些?

植物病害的预测可以利用经验预测模型或系统模拟模型。当前广泛利用的是经验式预测,包括综合分析预测法和数量统计预测法,两者均以有关病情与流行因子的多年、多点的历史资料为主要依据,建立经验预测模型。

三十五、怎样诊断和鉴定病害?

作物病害的诊断鉴定,是防治工作的基础。不清楚是哪种病害,就无法对症下药,防治成为无的放矢。然而诊断鉴定又是一项技术性较强的工作,而且需要一定的设备条件。这里只能简单介绍一些诊断和鉴定的方法。

1.真菌性病害的诊断鉴定

真菌性病害可产生多种不同类型的病状,而且病部表面产生病征,如粉、霉状物和各种颗粒等。这是真菌性病害的共同特点,也是识别真菌性病害的重要依据。在自然条件下大多数真菌性病害可产生病症,但是也有一些因条件限制不产生病征。此时可将病叶(株)标本采回,用清水将表面冲洗干净后,放在加盖的杯内保湿、保温即可出现病征。确定真菌性病害后要知道是哪一种病害时,一般可依据该病害的症状特点对照图谱或文字资料进行比较识别。有条件的也可以根据出现的病征物挑取少许在显微镜下观察,最后根据真菌的形态确定病害。必要时还可进行病原物分离、培养和接种试验。在被接种的植物上又产生同样的典型症状,并能分离到同样的真菌时,即可确定病害种类和病原。这就是病害诊断法则或叫柯赫氏法则。该法则也适用于细菌、病毒所引起的病害。

2.细菌性病害的诊断鉴定

通常细菌为害作物后,病斑部可以看到水渍状症状,有大量细菌从病部溢出呈脓状物,这是诊断细菌性病害最简便易行的方法。必要时可做病部切片,在高倍显微镜下观察。此外细菌性叶斑的扩展常常受叶脉限制,所以病斑形状为多角形。至于是哪一种细菌性病害,同样可参照图谱、文字描述进行比较识别或进行分离、培养、致病性测定等。

3.病毒性病害的诊断鉴定

病毒性病害的症状多表现为系统性,病部无病征出现,症状类型多,如明脉、花叶、卷叶、黄化、红化、矮化、丛簇、畸形、徒长等,也有的形成枯斑、坏死和条纹。凭借这些特征结合传染性特点，可以间接诊断为病毒病。值得注意的是一些生理性病害或因生长调节剂、除草剂使用不当，所引起的被害状易同病毒病的症状相混淆。区别在于后者不具传染性，通过增加营养或改变环境条件，随着时间的推移可以恢复，而且在田间分布上发生面积大。进一步试验可以通过汁液摩擦、昆虫、嫁接等方式传播，测定寄主范围，病毒理化性状来确定是那种病毒。有条件时也可通过电子显微镜观察病毒粒体形状大小或利用抗血清反应等进行直接诊断。需要指出的是除抗血清鉴定快速准确外，电镜形态鉴定虽能直接观察到病毒粒子，但由于不同病毒类因粒子较多，如马铃薯Y病毒组病毒种类近百种，而病毒粒体都为线状，大小类似难以区别。所以，只有通过症状、传播试验、寄主范围、理化性状等综合诊断、鉴定才是最可靠的鉴别方法。

第三节　昆虫学基本知识

一、怎样区分昆虫与其他节肢动物？

昆虫属于节肢动物门中的昆虫纲，是节肢动物的最主要成员之一。昆虫最大的特征就是具有六足四翅，身体分为三个不同区段：头部、胸部和腹部。而其他节肢动物虽然体躯也分节，但是没有翅，而具有许多对足。

二、昆虫头部有哪些基本构造？

头部是昆虫体躯最前面的一个体段，由6个体节愈合成一个整体，表面看不出分节的痕迹。外壁结构紧凑、坚硬，略呈囊状的半球形结构，称为头壳，它以略收缩的膜质颈和前胸相连。头壳内包有脑、消化道的前端以及头部附肢的肌肉；头壳的外面有触角、复眼等感觉器官和摄食的口器。头壳的后面有一个很大的圆孔,称为头孔,为连接胸部及内部器官由此进入胸部的通道。

三、昆虫头式有几种,头部的器官有哪些?

按照口器着生的位置与身体纵轴所呈的角度,将昆虫头式分为下口式、前口式和后口式。昆虫头部的附属器官有触角、复眼、单眼和口器。

四、什么是触角,触角有哪些基本构造?

触角是昆虫头部的一对附肢,着生于头顶前上方。它的基部着生在膜质的触角窝里,触角窝周围为一环形骨片称为角片,其上生有一个小突起称支角突,它是触角基部的关节,因此触角可以自由转动。

触角的基本结构可分为三部分,分别为柄节:为触角基部的第一节,一般比较粗大。梗节:为触角的第二节,一般较短小,内部常有一个特殊的感觉器,称江氏器。鞭节:为梗节以后各节的总称。此节变化很大,常常分成许多亚节。

五、触角有哪些类型?

触角的形状、长短、节数和着生部位,在不同种类的昆虫或同种不同性别昆虫间的变化很大。常见的触角类型有:刚毛状、丝状或线状、念珠状、锯齿状、栉齿状或羽毛状、膝状或肘状、具芒状、环毛状、球杆状、锤状和鳃叶状等,是识别害虫种类和雌雄的主要特征之一。

1.刚毛状:触角短,基部的一二节较大,其余各节则突然缩小,细如刚毛,例如蜻蜓、叶蝉、飞虱等。

2.丝状或线状:触角细长如丝呈圆筒状。除基部第一二节略大外,其余各节大小、形状均相似,且逐渐向顶端缩小,例如蝗虫、蟋蟀等。

3.念珠状:基部第一二节外其余各节近于圆球形大小相似,形如念珠,例如白蚁、褐蛉等。

4.锯齿状:基部第一二节外,其余各节端部的一角向一边突出,形似锯条,例如叩头虫、雌性绿豆象等。

5.栉齿状或羽毛状:基部第一二节外,其余各节向一边或向两边突出很长,形如梳齿或羽毛,前者如雄性绿豆象,后者如许多雄性蛾类。

6.膝状或肘状:柄节特长,梗节短小,鞭节各节大小相似并与柄节形成膝状或肘状弯曲,如小蜂、蜜蜂等。

7.具芒状:触角短,鞭节仅有一节,较柄节和梗节粗大,其上有一芒状或刚毛状构造,称触角芒,芒上有时具毛或呈羽状,为蝇类所特有。

8.环毛状:除基部两节外,其余各节均生一圈细毛,近基部的细毛较长,例如雄性的蚊子等。

9.球杆状:基部各节细长,近端部的数节膨大如球状,例如蝶类等。

10.锤状:触角端部数节突然膨大似锤,例如瓢虫等。

11.鳃叶状:触角端部数节扩展成薄片状,可以开合,状如鱼鳃,为金龟子所特有。

六、触角的功能是什么?

触角的主要功能是嗅觉和触觉。触角上有各种形状的感觉器,特别是嗅觉器比较发达,是昆虫接受外界信息的主要器官,在觅食、求偶、寻找产卵场所和避敌等方面都具有重要的生物学意义。

昆虫触角除上述功能外,还有其他的特殊功能,如雄蚊的触角具有听觉作用,水龟虫成虫触角能够吸收空气等。

七、什么是复眼?

昆虫的成虫和不完全变态类的若虫均有一对复眼。复眼着生于顶前上方,形状多为圆形和卵圆形,也有呈肾形或每只复眼又分成两部分。复眼的发达程度与生活方式和栖居环境有关。善飞者发达,隐居或寄生生活者退化或消失。复眼由许多小眼组合而成,每只小眼表面透明的部分称小眼部,小眼面的形状、数目在不同种类昆虫中差异很大,最少的是一种蚂蚁的小眼,仅有1个。

八、复眼有哪些功能?

复眼是昆虫的主要视觉器官,对光的强度、波长、颜色都具有较强的分辨能力。对人类不能感受的短波长,特别是波长在330~400纳米的紫外光有很强的趋性。昆虫的复眼有明显的色觉。复眼能分辨近距离物体的形象,对运动着的物体感受更敏感。昆虫的复眼对于摄食、群居、求偶、避敌、产卵、决定行为方向等起着主要作用。

九、什么是单眼,单眼有哪些功能?

昆虫的单眼有背单眼和侧单眼之分。前者为一般成虫和不完全变态类若虫所具有,位于额区上端两复眼间;后者为完全变态类的幼虫所具有,位于头部的两侧,背单眼一般为3个,位于头部前面两复眼间呈三角形排列。

单眼的功能一般认为只能辨别光线的强弱和方向,而不能辨别物体的形状。

十、昆虫的口器有几种,各有哪些类型?

口器是昆虫的取食器官,位于头部下方或前方,由于各种昆虫的生活习性和取食方式不同,其形态结构有很大的变化。一般昆虫的口器有三种类型,即咀嚼式口器、刺吸式口器和虹吸式口器。

1.咀嚼式口器,如蝗虫、蟒蟒、菜青虫等。它是各类口器中最基本最原始的,其他类型的口器均由此特化而成。咀嚼式口器由五部分组成,分别为上唇、上颚、下颚、下唇和舌,其中除上唇和舌外,均为头部附肢演化而来。具有这类口器的害虫均以咬食农作物的根、茎、叶、花、果实与种子为主。

2.刺吸式口器,如蚜虫、蝽象等。它的特点是上唇很短,呈三角形的小片,盖住喙的部分。上颚和下颚演化成细长的口针。分节的下唇特化成一条包围口针的喙管。刺入植物组织内吸食汁液,使作物茎、叶变黄、皱缩以致凋萎干枯,同时还能吐出唾液,刺激作物组织变形,甚至传播病毒。

3.虹吸式口器,如蛾类和蝶类等。口器变成一根细长的管子,平时卷曲在头下,取食时展开,吸取液体食物。

此外,还有一种为蝇类所具有的舐吸式口器。它是一个短粗、可以伸缩的喙,不用时折贴在头的下面,取食时贴在食物上刺刮食物。

十一、昆虫胸部有哪些基本构造?

胸部是昆虫体躯的第二个体段,其前端以颈膜与头部相连,后端与腹部相接。整个胸部由三个体节组成,分别称为前胸、中胸和后胸。每一胸节腹面两侧各生胸足一对,多数昆虫在中、后胸的背部两侧还生有一对翅,所以中、后胸特称为具翅胸节。无翅昆虫和其他昆虫的幼虫期,胸节构造比较简单,三个胸节基本相似。有翅昆虫由于适应足和翅的运动,胸部需要承受强大肌肉的牵引力,所以胸部骨板高度骨化,骨间的结构非常紧密,骨板内面的内脊或内突上生有强大肌肉。每一胸节均由背面的背板、腹部的腹板和两侧的侧板组成。各骨板又被其上的沟、缝划分为许多小骨片,各种小骨片均有专门的名称。

十二、昆虫胸足的结构和类型有哪些?

昆虫的足是由附肢演化而来,着生于侧板与腹板之间的膜质基节窝内。成虫一般有胸足三对,按着生的胸节分别称为前足、中足和后足。胸足由基节、转节、胫节、跗节和前跗节等组成。

基节是与胸部相连的第一节,粗而短,多呈圆筒形或圆柱形,着生于基节窝内,可自由活动。

转节为足的第二节,常为足节中最小的一节,有时被挤在腿节之下。极少数昆虫此节分为两节。

腿节是与转节相连的一节,常为最强大的一节,善跳跃的昆虫此节特别发达。

胫节一般细而长,与腿节呈膝状弯曲,其上常有成行的刺,末端有能活动的距。

跗节是足的第五节,大多数昆虫的跗节分为2~5节。跗节的形状和数目常作为昆虫分类的特征。

前跗节为胸足端部的最后一节,位于跗节前端。一般常具有一对侧爪,侧爪间有一中垫或爪间突,有时在爪下面还有爪垫。

昆虫的胸足原来是行走的器官,但由于生活环境和生活方式的不同,足的形态和功能发生了相应的变化。昆虫的足可分为下述类型:步行足、跳跃足和开掘足。除上述外,还有捕捉足、携粉足、抱握足、游泳足和攀岩足等。

十三、昆虫有翅吗,翅有哪些构造和功能?

昆虫是无脊椎动物中唯一有翅的类群,一般认为翅是由背板侧缘向外延伸演化而来,它和鸟类由前肢演化而来的翅的来源不同。有翅昆虫一般具翅2对,少数昆虫,如蝇类只有1对前翅,后翅退化为平衡棒,有些昆虫的翅完全退化或消失,如虱子、臭虫等。

昆虫的翅一般为膜质,呈三角形。翅的两层薄膜之间延伸着器官,翅面在有气管的部位加厚,形成粗细不等的翅脉,翅脉对翅起着支撑和骨架作用。翅脉在翅上的数目多少和分布形式,常作为区别昆虫种类的重要依据,如金龟子等甲虫的前翅特化为坚硬的角质,称为鞘翅;黏虫、地老虎、菜粉蝶等害虫的翅面上密布鳞片,称为鳞翅等,翅的主要功能是飞翔。翅的演化不仅有利于昆虫找寻食物、配偶和躲避敌害,而且极大地扩展了它们的活动范围和分布地区。因此,翅的获得对于昆虫类的发展起着极其重要的作用。

但各种昆虫由于适应特殊的生活环境,翅的质地和功能有所不同,因而在形态上也发生了种种变异。常见的有以下几种类型:

1.膜翅:前后翅均为膜质、翅薄、透明、翅脉明显,如各种蜂类。

2.鞘翅:前翅角质坚硬,翅脉消失,不用于飞行,而是用以保护后翅和身体作用,如各种金龟子、瓢虫等。

3.鳞翅:翅膜质,翅面上覆有鳞片,如各种蛾类、蝶类。

4.半鞘翅:前翅的基半部革质,端半部位膜质,如蝽象类。

十四、昆虫腹部有哪些基本构造?

腹部是昆虫的第三个体段。前面与胸部紧密相连,末端有尾须和外生殖器。内脏器官大部分在腹部的腹腔内。昆虫腹部的体节通常由9~11节组成,通过柔软的膜连接起来。腹部有很大的弯曲和伸缩能力,这对昆虫的呼吸、卵的发育和产卵等活动都有很大的意义。

雌性外生殖器通常称为产卵器,位于腹部第八节或第九节的腹面。交配器主要包括一个将精液送入雌体的阳具和1对抱握雌体的抱握器。另外,还有由第11腹节附肢演化而成的对须状外突物——尾须。

十五、昆虫的体壁有哪些功能?

昆虫体壁是昆虫身体最外一层坚硬的躯壳,称为外骨骼。体壁的功能是保持昆虫固定的体形,供肌肉着生和保护内脏器官免受机械损伤,防止体内水分蒸发和外来有害物质的侵入。此外,体壁上还具有各种感觉器,可以使昆虫在接受外界刺激后产生各种反应。

体壁由内向外由底膜、皮细胞层和表皮层三部分构成,表皮层又分为内表皮、上表皮和下表皮。

由于昆虫体壁的特殊结构,特别是表皮质层、蜡层和护蜡层的存在,使昆虫具有良好的亲脂性和拒水性,可不同程度地影响和抵御杀虫剂进入体内。

十六、昆虫的激素有哪些种类?

昆虫的激素包括内激素和外激素。昆虫的内激素就是昆虫释放到体内作用于自己的激素,包括脑激素、保幼激素和蜕皮激素;昆虫的外激素就是昆虫释放到体外的激素,包括性外激素、示踪外激素、告警外激素和群集外激素。

十七、昆虫是怎样进行繁殖的?

昆虫繁殖的特点主要表现在繁殖方式多样化、繁殖能力强。繁殖方式有两性生殖、孤雌生殖、多胚生殖、卵胎生殖和幼体生殖。

1.两性生殖:昆虫绝大多数是雌雄异体,通过两性交配后,雌虫产出受精卵,每粒卵发育成为一个新的个体的这种繁殖方式,又称为有性生殖或两性卵生,是昆虫繁殖后代最普遍的方式。

2.孤雌生殖:又称单性生殖,是指雌虫不经交配或卵不经受精而产生新个体的繁殖方式。

3.多胚生殖:是一个卵产生2个或更多个胚胎的生殖方式。

4.卵胎生殖:是指昆虫的卵在母体内发育成新的个体后才产出母体的生殖方式。

5.幼体生殖:常与孤雌生殖及胎生相关,是指昆虫母体尚未达到成虫阶段,卵巢就已经发育成熟,并能进行生殖。

十八、昆虫的变态有几个主要类型?

昆虫由卵孵化出幼虫,又从幼体变为成虫要经历一系列外部形态和内部器官结构的变化,并出现对生活条件的不同要求,致使幼虫和成虫呈现显著的不同,这种现象称为变态。

昆虫的变态有五个主要类型:增节变态、表变态、原变态、不完全变态和完全变态。

1.增节变态:是昆虫纲中最原始的变态类型,它的特点是幼虫和成虫除个体大小和性器官发育程度不同外,腹部体节的数目也随着脱皮而增加。如原尾虫初孵化时腹部只有9节,最后增加到12节。

2.表变态:昆虫变态的原始类型,它的特点是初孵幼体已具备成虫的特征,胚后发育仅是个体增大和性器官的成熟等,成虫期仍能蜕皮,是原尾目以外所有无翅亚纲昆虫的变态方式。

3.原变态:是有翅亚纲昆虫中最原始的变态类型,仅见于蜉蝣目昆虫。其变态特点是从幼虫期转变为成虫要经过1个亚成虫期。亚成虫在外形上与成虫一样,可以看作是成虫期的继续蜕皮现象。

4.不完全变态:或称半变态,指幼虫和成虫的形态和生活习性相似,形态无太大差别,只是幼虫身体较小,生殖器官未发育成熟,翅未发育完全。这一变态的幼虫一般被称为若虫。

5.完全变态:是昆虫在个体发育中,经过卵、幼虫、蛹和成虫等4个时期的叫完全变态。完全变态的幼虫与成虫在形态构造和生活习性上均明显不同。

十九、昆虫是怎样生长发育的?

昆虫的个体发育过程,可分为胚胎发育和胚后发育两个阶段。胚胎发育是从卵发育成为幼体的发育期,又称卵内发育;胚后发育是指幼虫从卵孵化后开始至成虫性成熟的整个发育期。昆虫的生长发育过程中常伴随着蜕皮和变态。其生长发育一般要经历4个时期:

1.卵期:是个体发育的第一阶段,指的是卵从母体产出到孵化出幼虫所经历的时间称为卵期。

2.幼虫期:幼虫期是胚后发育的开始阶段,也是昆虫旺盛取食的生长时期,即害虫主要为害期。幼虫期是一个急剧生长并伴随着蜕皮的时期,一般又分为:孵化、生长和蜕皮阶段。

3.蛹期:从幼虫化蛹到变为成虫所经过的时期称蛹期。蛹期是完全变态昆虫所特有的发育阶段,由幼虫转变为蛹的过程称为化蛹。

4.成虫期:昆虫从羽化期直至死亡所经历的时间。

二十、昆虫生长发育相关的专业用词有哪些?

1.幼虫的类型:变态昆虫的幼虫有原足型、多足型、寡足型和无足型。

2.蛹的类型:蛹有离蛹、被蛹和围蛹。

3.羽化:完全变态昆虫蛹蜕皮或不完全变态昆虫的若虫蜕掉最后一次皮而变成成虫的过程。

4.昆虫的世代:昆虫的一个新个体(不论是卵或是幼虫)从离开母体发育到性成熟产生后代为止的个体发育史称为一个世代。

5.昆虫的年生活史:昆虫由当年越冬虫态开始活动起到第二年越冬结束为止的发育过程,称为年生活史。对一年多代的昆虫,其年生活史就包括了几个世代。

6.昆虫的停育:一年中昆虫在一定环境条件下,有一段或长或短的不食不动、停滞生长发育或生殖中止的时期,这种现象称为停育。根据停育的程度和解除停育所需的环境条件,又可分为休眠和滞育两种状态。其中休眠是昆虫为了安全渡过不良环境条件而处于不食不动、停滞生长发育的一种状态。而滞育是某些昆虫在不良环境条件远未到来以前就进入了停育状态,纵然给予最适宜的环境条件也不能解除,必须经过一定环境条件如低温的刺激,才能打破停育状态,这种现象称为滞育。

二十一、昆虫有哪些习性?

昆虫的习性是昆虫种或种群的生物学特性,包括昆虫的活动和行为。主要有昆虫的食性、昆虫的趋性、昆虫的假死性、昆虫的群集性和昆虫的迁移性。

1.昆虫的食性:根据昆虫对食物的不同需求,可将其分为植食性、肉食性和杂食性。植食性昆虫是农业生产中的害虫,肉食性昆虫是农业生产中的益虫。

2.昆虫的趋性:昆虫对外界刺激所产生的定向反应,凡是向着刺激物定向运动的为正趋性,背着刺激物定向运动的称其为负趋性。主要有趋光性和趋化性,趋光性是昆虫通过视觉器官,对光产生向着光源方向活动的反应;趋化性指昆虫通过嗅觉器官,对于化学物质的刺激而产生的反应行为。

3.昆虫的假死性:一些昆虫一遇惊就随即坠地呈不动状态,这种现象称假死性。

4.昆虫的群集性:很多同种昆虫大量个体群集一起的现象为昆虫的群集性,群集现象可分为两大类:暂时性群集和永久性群集。

5.昆虫的迁移性:迁移性又称为迁飞,是指同一种昆虫成群的从一个发生地长距离的迁飞到另一个发生地。

二十二、什么是害虫的预测预报,它的内容和方法是什么?

害虫的预测预报工作就是侦查害虫发生的动态,根据资料并结合当地的气候和玉米生长发育状况,加以综合分析,对害虫未来的发生动态趋势做出正确的判断后,及时予以发布,为防治做好准备。

预测预报的具体内容是:首先掌握害虫的发生期、为害期,确定防治的有利时期。其次是掌握害虫的发生数量和扩散蔓延的方向,确定防治区域、重点防治田块及其他应有的组织准备和具体措施。

害虫预测预报的类别按预测时间长短分短期预报、中期预报和长期预报。短期预报一般仅测报几天至十几天的害虫动态;中期预报一般都是根据前一代的虫情推测下一代各虫期的发生动态;而长期预报是对2个世代以后的虫情推测,在期限上一般达数月,甚至跨年。另外,按预测内容还有发生期预测、发生量预测和分布蔓延预测等。

害虫预测预报的方法主要有期距法、物候预测法、积温法、形态指标法和相关回归分析法。

1.期距法:根据各虫态出现的时间距离,即害虫由前一个虫态发育到后一个虫态所历经的天数。具体可通过灯光诱集、人工饲养和田间调查等方法来进行推算。

2.物候法：是指根据自然界各种生物现象出现的季节来推测害虫发生的方法。

3.积温法：就是利用害虫的有效积温法则，即利用害虫的完成生长发育所需的温度的有效积温总和来进行测报的方法。

4.形态指标法：昆虫在不同的环境条件下生长发育时，为适应外界条件而表现出来的内外形态上的变化，以此作为指标来预测害虫的迁飞扩散。

5.相关回归分析法：就是利用生物统计中的数理统计方法，做出几个相关变数，如害虫发生量与某一时段气温、湿度、降水等的回归方程式，用以预测害虫发生期或发生量等的测报方法。

此外，还有气候图法和数量估计法等。

第四节　玉米病虫害的综合防治

一、什么是农业防治？

农业防治就是利用农业生产中的耕作栽培技术，创造有利于作物生长发育而不利于病虫害发生的环境条件，保证玉米健壮生长，减轻病虫为害，如：合理布局、选育抗、耐病品种、轮作、间套种、适期播种、合理密植、保护地栽培、加强水肥管理、清除杂草、及时收获等。

二、什么是化学防治？

化学防治是利用化学药剂来防治玉米病虫害。目前化学防治仍是综合防治的关键措施之一，但同时也存在着残毒、抗性、污染环境、杀死有益生物、影响人畜健康等问题。因此,采用化学防治时,必须合理使用农药,强调无公害和绿色食品的生产,如:选用高效、低毒、低残留、经济安全的农药品种和剂型,注意农药品种的轮换与混用。根据病虫防治指标,加强病虫监测预报,把握防治有利时机。此外,在用药工具、方法和药量上,也应有所选择。

三、什么是生物防治?

生物防治是利用自然界有益生物来控制或抑制玉米害虫、病菌的方法,如利用益虫、益鸟及有益的菌类,包括细菌、真菌和病毒等。此外,还扩大到应用辐射不育技术、人工繁育释放天敌、合成昆虫激素性诱剂、组织培养和基因转移等技术。

四、什么是物理与机械防治?

物理机械防治方法是指利用光、热、比重等物理学原理和一些简单机械来防治病虫,如防控病害的种子清选、热力消毒;防控虫害的阻隔分离、诱杀和捕杀等。

五、什么是植物检疫防治?

病虫害的远距离传播主要是人为活动造成的。植物检疫是防止和消除危险性病、虫、杂草随种子调运等传播蔓延的根本方法。它依靠国家颁布的有关检疫法令、法规来执行。

第二章 真菌性病害

第一节 穗部病害

一、玉米丝黑穗病

1.玉米丝黑穗病的发生情况如何？

玉米丝黑穗病是一个世界性的玉米病害,在我国玉米种植区普遍发生,尤以北方春播区、西南丘陵山区和西北灌溉区受害较重。一般年份田间发病率3%~10%,重病田可达60%~70%。2006年,甘肃省武威市玉米制种田平均病株率为62.5%。由于丝黑穗病直接导致果穗被害,因此是绝产型病害,发病率等于损失率,是玉米生产中的重要病害之一。

2.怎样识别玉米丝黑穗病？

该病主要为害玉米的雄穗和果穗。病株果穗短粗,基部粗顶端尖,近似球形,不吐花丝,苞叶正常,整个果穗变成一个大的黑粉包。初期苞叶一般不破裂,黑粉也不外露,后期有些苞叶破裂,散出黑粉。黑粉一般黏结成块,不易飞散。黑粉内有一些丝状的寄主维管束组织,所以称此病为丝黑穗病。有的果穗受害后,过度生长,但无花丝,不结实,顶部为刺状。雄穗受害后主要是整个小花变为黑粉包,抽雄后散出大量黑粉,有的雄穗受病原菌刺激后畸形生长。有的品种苗期分蘖增多,植株呈丛簇状,但一般在穗期表现症状。

发病植株雄穗症状大体可分为两种类型,一是病穗仍保持原来的穗型,

仅个别小穗受害变成黑粉包。花器变形,不能形成花蕊,颖片因受病菌刺激变为畸形,呈多叶状。雄花基部膨大,内有黑粉。二是整穗受害后以主梗为基础膨大成黑粉包,外面包被白膜,白膜破裂后散出黑粉。

3.玉米丝黑穗病的病原菌是什么?

该病是由丝孢堆黑粉菌引起的真菌性病害。黑穗里形成的黑粉是病原菌的冬孢子,成熟的冬孢子在适宜的条件下萌发,产生菌丝。病菌发育的温度范围为13℃~36℃,以28℃为最适宜。冬孢子萌发的最适温度为27℃~31℃,低于17℃或高于32.5℃不能萌发。

4.玉米丝黑穗病的传播途径是什么?

玉米丝黑穗病是土传病害,病菌以冬孢子散落在土壤中、混入粪肥里或黏附在种子表面越冬。翌年,遇到适宜的温湿度条件便萌发产生担孢子,侵入寄主胚芽形成系统侵染,造成植株罹病。

5.影响玉米丝黑穗病的发病因素有哪些?

玉米丝黑穗病只有苗期的初侵染,而无田间的再侵染,故发病轻重取决于品种的抗病性和土壤内越冬菌源数量以及播种和出苗期间环境因素的影响。

①品种抗病性:不同玉米品种对丝黑穗病的抗性存在明显差异。②菌源数量:玉米丝黑穗病菌越冬场所主要是在土壤里,重茬连作造成土壤中菌源大量积累,导致病害逐年加重。连作年限越长,发病越重。③环境条件:该病以土壤带菌传为主,而且多在出苗期侵染,因此播种至出苗期间的土壤温、湿度条件,与发病的关系最为密切。土壤温、湿度条件既影响玉米种子的发芽、生长,也影响病菌冬孢子的萌发和侵染。一般侵染的适温与玉米幼苗生长的适温一致,均在25℃左右。土壤含水量的高低直接影响玉米种子萌发和幼苗生长速度。土壤含水量适中,种子发芽快,幼苗生长迅速发病轻;土壤干旱,种子发芽慢,幼苗生长缓慢,发病重。

6.怎样防治玉米丝黑穗病?

(1)选用抗病品种

选用抗病品种是防治该病害的根本有效措施之一。杂交种(组合)的抗病性一般取决于亲本自交系的抗性,在组配杂交种时,尽可能以高抗的自交系为亲本,配制丰产抗病的杂交种。目前生产上的抗病自交系有:HR36、M49、M50、吉63/O2、吉846、吉992、吉T5、育系243、育系254、育系490、育系541、Mo17、齐319、豫12、B73、中自01、丹340、齐318、沈137、P138、200B、吉412等。抗病杂交种有:金穗2049、金穗2022、金穗2023、吉单06、吉单342、中单14、沈试28、四单68、沈试49、富农一号等。

(2)农业防治

①轮作倒茬:轮作倒茬和品种的合理布局是减少田间菌源的有效措施。一般应为玉米→蔬菜→小麦→玉米;如果地少难以实施轮作倒茬,可在重茬地种植抗病品种。②翻耕土地及施用净肥:深翻土地可将病菌埋压在土壤底层,从而减少侵染机会,减轻发病。粪肥带菌是该病传播的又一途径,因此施用充分发酵腐熟的净肥也是防病的有效措施之一。③及时清除黑粉瘤:在黑粉瘤未破裂时,及时摘除并携至田外深埋,减少病菌在田间扩散和在土壤中存留。

(3)药剂防治

药剂处理种子可用拌种、浸种、闷种和药土覆盖种子等方法。近年来随着种衣剂的研制与应用,使玉米丝黑穗病得到有效控制,如6%立克秀6%戊唑醇悬浮种衣剂8~12克/100公斤取6%戊唑醇悬浮种衣剂,28%灭菌唑悬浮种衣剂,28~56克/100公斤种子。按推荐剂量进行种子包衣对玉米丝黑穗病有较好的防治效果,但要严格按照包衣剂量要求,过量如遇到低温天气会造成药害。

二、玉米穗腐病

1.玉米穗腐的发生情况如何?

玉米穗腐病又称玉米穗粒腐病,属于气流传播的一种真菌性病害。该病害是玉米生产中的重要病害之一,在我国发生十分普遍,特别是玉米灌浆至成熟阶段遇到连续阴雨天气会普遍发生,严重影响产量和质量。广西、浙江、湖南、陕西、河北、山东、辽宁等省区均有不同程度的发生,一般年份发病率10%~20%,严重年份可达50%~60%,减产25%,严重者甚至绝收。2011年甘肃各玉米种植区发生普遍,一般病田率100%,平均病穗率在50%以上,已成为玉米生产和贮藏过程中亟待解决的问题之一。

2.怎样识别玉米穗腐?

由于引起玉米穗粒腐病的病原菌种类很多,因而表现的症状类型也各不相同,如镰刀菌引起的玉米穗腐病,多从果穗顶部或中部向下蔓延,病部变红色或白色、呈腐烂状,籽粒上或籽粒间产生白色霉状物。发病较重时整个果穗全部腐烂,以自交系为重。发病轻时果穗色泽正常,只有脱粒时才能发现籽粒间布满菌丝体。青霉、黄曲霉、木霉等病菌单独或复合侵染引起的症状虽各不相同,但共同的症状是玉米果穗都呈现部分或全部的腐烂。

3.玉米穗腐病的病原菌是什么?

国内外有关玉米穗腐病的研究结果表明,禾谷镰孢菌和拟轮枝镰孢菌为该病害的优势病原。木霉、青霉菌、曲霉菌、根霉菌、枝孢菌、粉红单端孢菌等40多种真菌也该病害的重要病原物。我国不同玉米产区穗腐病病原种类及致病菌组成存在明显差异,可能与各生态区气候条件有关。

4.玉米穗腐的传播途径是什么?

玉米穗腐病以病原菌的菌丝体和分生孢子在叶鞘、苞叶、穗轴和玉米秸秆,特别是未发育的次生果穗等残体上越冬。越冬后的病菌或新形成的分生孢子借气流传播到新的果穗上引起发病。

5.影响玉米穗腐的发病因素有哪些?

穗腐病发病轻重除与品种抗病性和田间菌源量有关外,与灌浆后期至成熟期及贮藏期的环境因素中的阴雨天气密切相关。另外,玉米螟、棉铃虫、黏虫和金龟子等为害严重的年份,玉米穗腐病显著严重。这主要是因为虫害和鸟害为害后造成伤口,有利于病菌的定植和侵染,加重了该病害的发生和扩展。

6.怎样防治玉米穗粒腐?

(1)种植抗病品种

不同品种之间对玉米穗腐病的抗性差异很大,如部分金穗系列、酒单6号、武试30号、农大311、先锋甜糯、甘试23、陇单021、陇单022、GS8011、818等品种高抗玉米穗腐病;中玉9号、陇单10、敦玉1747、天玉07175等表现抗

病;黄糯3号、富早118等表现中抗。由于玉米穗粒腐病的病原菌较为复杂，因此各地区应种植当地多年田间表现抗性较好的品种。

（2）农业防治措施

①合理密植，给予植株较好的通风条件，降低田间湿度；②合理肥水管理，提高植株自身的抗性能力；③适当调节播种期，尽可能使玉米孕穗至抽穗期不要与雨季相遇，发病后注意开沟排水，防止湿气滞留，可减轻受害程度。

（3）防虫控病

通过药剂防治技术控制玉米螟、桃蛀螟、棉铃虫等害虫对穗部的为害，尽量避免造成伤口，能够减轻穗腐病的发生。

三、玉米瘤黑粉病

1.玉米瘤黑粉病的发生情况如何？

玉米瘤黑粉病又称玉米普通黑粉病，广泛分布于世界各玉米产区，是玉米生产上的常发病害。在我国，该病已有70多年的发生历史，分布普遍，为害严重。

该病对玉米的为害，主要是在玉米生长的各个时期形成菌瘿，破坏玉米正常生长发育所需要的营养。一般发生越早为害越重，幼苗期受害常引起早死。果穗以下茎部感病，平均减产20%，果穗以上茎部感病，平均减产40%，果穗上下茎部感病，减产约60%，果穗感病减产约80%。由于病菌侵染植株的茎秆、果穗、雄穗、叶片等幼嫩部位，所形成的黑粉瘤消耗大量的植株养分或导致植株空秆不结实。生产上一般田间病株率为5%~10%，严重的达 30%~80%，感病材料可达100%。

2.怎样识别玉米瘤黑粉病？

该病害可以发生在玉米生育期的各个阶段，病菌能够侵染植株的所

有地上部幼嫩组织,如茎秆、叶、叶鞘、雄花及果穗等。玉米被侵染的部位细胞强烈增生,体积增大,然后发育成明显的肿瘤。病瘤生长很快,大小和形状变化也较大,有的呈球形,有的为棒形;有的单生,有的串生,有的叠生。

膨大的瘤状物组织初为白色,渐变为灰色,内部白色,肉质多汁。随着病瘤的增大和瘤内冬孢子的形成,质地由软变硬,颜色由浅变深,薄膜破裂,散出大量黑色粉末状的冬孢子,因此得名瘤黑粉病。

与丝黑穗病仅发生在玉米的果穗和雄穗部位、黑粉中夹杂有寄主维管束组织的特征不同,玉米瘤黑粉病可以发生在叶片、茎秆及果穗和雄穗任何部位。

3.玉米瘤黑粉病的病原菌是什么?

玉米瘤黑粉病是由玉蜀黍瘿黑粉菌侵染引起的玉米病害。病菌有生理小种分化,但目前国内的研究报道较少。病菌的冬孢子暗褐色或浅橄榄色,球形或椭圆形,表面有细刺状突起。冬孢子没有休眠期,成熟后即可萌发,甚至在病瘤形成后即可萌发。冬孢子萌发的适温为26℃~30℃,最低5℃~10℃,最高35℃~38℃,在水中或相高湿度条件下均可萌发。在自然条件下,分散的冬孢子不易长期存活,但集结成块的冬孢子,在地表或土内存活期都较长。

4.玉米瘤黑粉病的传播途径是什么?

病菌以冬孢子形态越冬。被冬孢子污染的土壤和遗落在土壤中的病株残体或残留在秸秆上的病瘤是该病发生的主要初侵染源。其次,粪肥也是其重要的越冬场所。附着在种子表面的冬孢子也是初侵染来源之一,是病害远距离传播的重要途径。带菌的种子是新区重要的初侵染来源。

玉米生长期中,越冬的冬孢子遇到适宜的温、湿度条件便萌发产生担孢子和次生担孢子。冬孢子、担孢子和次生担孢子均可借气流和雨水传播,也可通过种子、秸秆和昆虫携带传播。

5.影响玉米瘤黑粉病的发病因素有哪些?

(1)品种抗病性:不同玉米品种对瘤黑粉病的抗性存在明显差异。

(2)菌源数量:玉米瘤黑粉病菌可在土壤、粪肥里越冬,重茬连作、施用未充分腐熟发酵粪肥,可造成土壤中菌源大量积累,导致病害逐年加重。

（3）环境条件：施氮肥过多、高肥密植、通风透光不良、玉米生育幼嫩，有利于侵染，发病重。

6.怎样防治玉米瘤黑粉病？

该病越冬场所复杂，侵染来源广泛，在玉米整个生育期内均可侵染，防治比较困难，各种措施都有一定的局限性。因此，必须采取以选育和种植抗病品种为主的综合防治措施。

（1）选用抗病品种

鲁单8009、鲁单981、鲁单984、登海701、登海661、农大60、农大108、永研4号、来农14号、科单102、嫩单3号、辽原1号和海玉8号等表现抗病，其中海玉8号表现高抗。

（2）减少初侵染源

①彻底清除田间病残体，秸秆用作肥料时要充分腐熟；②重病田实行2~3年轮作；③玉米生长期结合田间管理，在病瘤未变色时及早割除，并带到田外集中处理。

（3）加强田间管理

①适期播种，合理密植，提高播种质量，注意水、肥管理，特别要注意均衡使用有机和无机肥料，注意氮、磷、钾肥合理搭配，避免偏施氮肥，防止贪青徒长；②适当使用含锌和含硼的微量元素肥料；③控制玉米螟为害，减少有利于病菌入侵的伤口，对病害有明显的控制作用。

（3）药剂防治

玉米生长期间病瘤未出现前8~10叶期，喷洒27%氟唑·福美双可湿性粉剂243~324克/公顷，制种田应在去雄前再喷施一次。

四、玉米疯顶病

1.玉米疯顶病的发生情况如何？

玉米疯顶病是霜霉病的一种，近年在宁夏、新疆、甘肃等省区发生面积较大。病区一般田间发病率5%~10%，严重田块病株率高达50%以上，个别严重田块甚至绝收。因95%以上的病株不结实，因此该病害对玉米生产影响极大。

2.怎样识别玉米疯顶病？

苗期症状：病菌从玉米苗期侵染，随植株生长点的生长而到达雌穗和雄穗。苗期病株呈淡绿色，6~8叶开始显症，株高20~30厘米时部分病苗形成过度分蘖，每株3~5个或6~8个不等，叶片变窄，质地坚韧；亦有部分病苗不分蘖，但叶片黄化且宽大或叶脉黄绿相间，叶片皱缩凸凹不平；部分病苗叶片畸形，上部叶片扭曲或成牛尾巴状。

成株期症状：典型症状发生在抽雄后，有多种类型：①雄穗畸形：全部雄穗异常增生，畸形生长。小花转为变态小叶，小叶柄较长、簇生，使雄穗成刺头状即"疯顶"。②雄穗部分畸形：雄穗上部正常，下部大量增生呈团状绣球，不能产生正常雄花。③雌穗变异：果穗受侵染后发育不良，不抽花丝，苞叶尖变态为小叶成45°簇生；严重发病的雌穗内部全部为苞叶；部分雌穗分化为多个小果穗，但均不能结实；穗轴呈多节症状，不结实或结实极少且籽粒瘪小。④叶片畸形：成株期上部叶片和新叶共同扭曲成不规则团状或牛尾巴状，部分成环装，植株不抽雄，也不能形成雄穗。⑤植株轻度或严重矮化：上部叶片簇生，叶鞘呈柄状，叶片发窄。⑥部分植株超高生长：有的病株

疯长,植株高度超过正常高度1/5,头重脚轻,易折断。⑦部分患病植株中部或雌穗发育成多个分支并有雄穗露出顶部苞叶。⑧部分感病植株同时伴有瘤黑粉病的发生,簇状雄穗、雌穗和茎秆上有瘤黑粉。

3. 玉米疯顶病的病原菌是什么?

该病的病原菌为大孢指疫霉玉蜀黍变种,属鞭毛菌亚门真菌。菌丝体存活在寄主植物组织里的细胞间,孢囊梗很短,单生,由气孔伸出,其上着生孢子囊。孢子囊椭圆形、倒卵形或洋梨状,具紫褐色或浅黄色的乳突。孢子囊萌发产生游动孢子,游动孢子为椭圆形。藏卵器球形至椭圆形,浅黄褐色至茶褐色。卵孢子球形,浅黄色,位于寄主维管束及叶肉组织中不易散出,萌发后产生孢子囊。1~3个雄器侧生,浅黄色。

4. 玉米疯顶病的传播途径是什么?

病菌以卵孢子在土壤中越冬,翌年卵孢子在潮湿的土壤中萌发,产生孢子囊和游动孢子,侵入寄主的组织,其菌丝完成系统发育。孢囊梗从寄主叶片上气孔伸出,其上产生孢子囊,藏卵器在病部大量产生。田间植株在4~5片叶以前若土壤湿度饱和,苗期就可发病,土壤湿度饱和状态持续24~48小时,就能完成侵染,是由于饱和的湿度使土壤中的卵孢子开始发芽并提供了游动孢子活动的水湿条件,使其能顺利到达玉米侵染点。该病多发生在温带或暖温带地区。带病种子是远距离传播的一个重要途径。

5. 影响玉米疯顶病的发病因素有哪些?

玉米播种后到5叶期前,田间长期积水是疯顶病发病的重要条件。玉米发芽期田间淹水,尤其适于病原菌侵染和发病。春季降水多或田块低洼,土壤含水量高,发病加重。小麦和玉米带状套种也有利于发病。玉米自交系和杂交种之间抗病性差异明显。大面积种植感病杂交种,是疯顶病多发的重要原因。

6. 怎样防治玉米疯顶病?

(1)农业防治措施

①播种后严格控制土壤湿度,玉米5叶期前避免大水漫灌,及时排除降雨造成的田间积水;②收获前及时拔除田间病株,集中烧毁;③收获后彻底清除并销毁田间病残体,深翻土壤,控制病菌在田间扩散;④与非禾本科作

物,如马铃薯、大豆、苜蓿等进行轮作。

（2）药剂防治

播种前用20%精甲霜灵浮种衣剂种子包衣53~76克/100公斤种子。

第二节 叶部病害

一、玉米大斑病

1.玉米大斑病的发生情况如何？

玉米大斑病属于气流传播病害。大斑病在国内分布广泛,以东北、华北北部、西北和南方山区的冷凉玉米产区发病较重。大斑病主要发生在玉米生长后期,玉米抽雄授粉以后,大量光合产物从叶片和茎秆向果穗和籽粒中运送,致使叶片的抗病性下降。病菌首先侵染下部较老叶片,然后迅速向上扩展,在叶片上产生大量病斑,影响植株光合作用,造成籽粒灌浆不足,导致产量降低。一般年份,大斑病造成5%的减产,在病害严重发生年份,感病品种产量损失可高达20%以上。

2.怎样识别玉米大斑病？

大斑病在整个玉米生育期间均可发生,主要为害叶片、苞叶和叶鞘。叶片受侵染后,出现点状水浸斑,后逐渐扩大为梭形斑,长达200毫米。数个病斑连片,常导致整叶枯死。抗病性品种叶片呈萎蔫状、病斑浅灰色。田间湿度大时,病斑表面产生黑色霉状物,是病原菌的分生孢子梗和分生孢子。

3.玉米大斑病的病原菌是什么？

玉米大斑病的病原菌属真菌界的子囊菌,其无性态:大斑凸脐蠕孢菌,病菌的分生孢子梗,单生或2~3根束生,褐色不分枝,正直或膝曲,基细胞较大,顶端色淡,具2~8个隔膜。分生孢子梭形或长梭形,榄褐色,顶细胞钝圆或长椭圆形,基细胞尖锥形,有2~7个隔膜,脐点明显,突出于基细胞外部。

病菌的有性态为大斑刚毛球腔菌,自然条件下一般不产生有性世代。成熟的子囊果黑色,椭圆形至球形,外层由黑褐色拟薄壁组织组成。子囊果壳口表皮细胞产生较多短而刚直、褐色的毛状物。内层膜由较小透明细胞组成。子囊从子囊腔基部长出,圆柱形或棍棒形,具短柄。子囊孢子无色透明,老熟呈褐色,纺锤形,多为3个隔膜,隔膜处缢缩。

4.玉米大斑病的传播途径是什么?

大斑病菌以菌丝体和分生孢子在玉米残体上和土壤内越冬。翌年5—6月份,温湿度条件适宜时,病株残体中越冬的菌丝体便产生大量的分生孢子。新产生的及部分越冬的分生孢子借气流和雨水飞溅传播到田间植株叶片上进行初次侵染。

5.影响玉米大斑病的发病因素有哪些?

大斑病发病轻重与品种抗病性、田间菌源量以及环境因素密切相关。湿度与该病害的发生和流行密切相

关,田间湿度大,有利于该病害扩展和蔓延。该病的大量传染多在7、8、9月间的雨季。发病适温在30℃以下,分生孢子生成以20℃~28℃最适。地势低洼、排水不良和连作地块发病重。

6.怎样防治玉米大斑病?

(1)选用抗病品种

由于玉米大斑病主要发生在玉米生长后期,因此利用抗病品种是防治该病害的最有效措施。表现抗病的自交系有齐319、78599-1、Mo17等,杂交种有金穗2021、金穗51216、富试一号、陇单022、DH3721、平玉8号、玉源209、金苹果19等。

(2)减少初侵染源

①秋收后及时清理田园,减少遗留在田间的病株;②冬前深翻土地,促进植株病残体腐烂;③发病初期,打掉植株底部病叶,减少传播菌源。

(3)加强田间管理

①施足底肥,增施磷钾肥,提高植株抗病性;②与其他作物间套作,改善玉米田间的通风条件,减少病原菌侵染。

(4)药剂防治

制种田发病初期应及时打药,常用药剂有25%苯醚甲环唑乳油800~1000倍液、25%丙环唑乳油1500倍液、75%百菌清可湿性粉剂300~500倍液、50%多菌灵可湿性粉剂500倍液、80%代森锰锌可湿性粉剂500倍液。抽雄期连续喷药2~3次,每次间隔7~10天。

二、玉米小斑病

1. 玉米小斑病的发生情况如何？

玉米小斑病属于气流传播病害，为我国玉米产区重要病害之一，在黄河和长江流域的温暖潮湿地区发生普遍而严重。小斑病在玉米全生育期均可发生，玉米抽雄后是病害的发生高峰，叶片布满病斑而枯死，导致植株光合作用减弱，籽粒因灌浆不足而瘪小。感病品种在一般发生年份减产10%以上，发生严重的年份减产达20%~50%，甚至绝收。

2. 怎样识别玉米小斑病？

小斑病常和大斑病同时出现或混合侵染，因主要发生在叶部，故统称叶斑病。发生地区以温度较高、湿度较大的丘陵区为主，发病时间比大斑病稍早。此病除为害叶片、苞叶和叶鞘外，对雌穗和茎秆的致病力也比大斑病强，可造成果穗腐烂和茎秆断折。发病初期，在叶片上出现半透明水渍状褐色小斑点，后扩大为椭圆形褐色病斑，边缘赤褐色，轮廓清楚，上有二三层同心轮纹。病斑进一步发展时，内部略褪色，后渐变为暗褐色。天气潮湿时，病斑上生出暗黑色霉状物（分生孢子盘）。叶片被害后，叶绿组织受损，影响光合机能，导致减产。

3. 玉米小斑病的病原菌是什么？

玉米小斑病的病原菌为一种子囊菌，其无性态是玉蜀黍平脐蠕孢菌。无性态的分生孢子梗散生在病叶上的病斑两面，从叶上气孔或表皮细胞间隙伸出，分生孢子从分生孢子梗的顶端或侧方长出，长椭圆形，多弯向一方，

褐色或深褐色,具隔膜,脐点明显。

病菌的有性态是异旋孢腔菌,子囊顶端钝圆,基部具短柄。每个子囊内有2~4子囊孢子。子囊孢子长线形,萌发时产生子囊壳及分生孢子,且分生孢子梗及分生的每个细胞均长出芽管。

4.玉米小斑病的传播途径是什么?

病原菌主要以休眠菌丝体和分生孢子在病残体上越冬,成为翌年发病初侵染源。分生孢子借风雨、气流传播,侵染玉米,在病株上产生分生孢子进行再侵染。发病适宜温度26℃~29℃。产生孢子最适温度23℃~25℃。孢子在24℃下,1小时即能萌发。遇充足水分或高温条件,病情迅速扩展。玉米孕穗、抽穗期降水多、湿度高,容易造成小斑病的流行。低洼地、过于密植荫蔽地、连作田发病较重。

5.影响玉米小斑病的发病因素有哪些?

玉米小斑病发病轻重与品种抗病性、气候条件、菌源量及栽培条件等密切相关。抗病力弱的品种,生长期中如遇高温多雨、露期长、露温高、田间潮湿以及地势低洼、施肥不足等情况,发病相对较重。

6.怎样防治玉米小斑病?

(1)选种抗病品种

种植如掖单2号、掖单3号、掖单4号、沈单7号、丹玉16号、农大60、农大3138、农单5号、华玉2号、冀单17号、成单9号和0号、北大1236、中玉5号、津夏7号、冀单29号、冀单30号、冀单3号、冀单33号、长早7号、西单2号、本玉11号、本玉12号、辽单22号、鲁玉16号、鄂甜玉11号、鄂玉笋号、滇玉19号、滇引玉米8号、陕玉911、西农11号等抗病品种,可有效防治玉米小斑病的发生和为害。

(2)农业防治措施

①清洁田园,深翻土地,压低菌源;②摘除下部老叶、病叶,减少再侵染菌源;③降低田间湿度;④增施磷、钾肥,加强田间管理,增强植株抗病力。

(3)药剂防治

防治药剂参考玉米大斑病。

三、玉米锈病

1.玉米锈病的发生情况如何?

玉米锈病属于气流传播病害,玉米锈病包括普通锈病、南方锈病、热带锈病及秆锈病等4种。其中普通锈病遍布世界各玉米栽培区,南方锈病主要发生在低纬度地区,热带锈病主要分布于美洲,秆锈病仅在坦桑尼亚和美国有发生报道。我国发生的为普通锈病和南方锈病,主要分布于西南地区。p普通锈病在甘肃省近年来各玉米种植区均有不同程度发生,玉米锈病多发生在玉米生育后期,一般年份为害性不大,但在有的自交系和杂交种上发生严重,使叶片提早枯死,造成较重的损失。

2.怎样识别玉米锈病?

玉米锈病主要侵染叶片,严重时也可侵染苞叶和叶鞘。初期仅在叶片两面散生浅黄色长形至卵形褐色小脓疱,后小疱破裂,散出铁锈色粉状物,即病菌夏孢子;后期病斑上生出黑色近圆形或长圆形突起,开裂后露出黑褐色冬孢子。

3.玉米锈病的病原菌是什么?

玉米锈病的病原菌属担子菌类锈菌,是一种多孢子类型的病菌。南方锈病病原为多堆柄锈菌,夏孢子近球形或倒卵形,淡黄褐色,有细刺,冬孢子堆以叶下面为多,常生在叶鞘或中脉附近,细小,椭圆形,埋生于表皮下,近黑色;冬孢子形状不规则,多为近椭圆形或近倒卵形,栗褐色或黄褐色。

普通锈病病原为高粱柄锈菌,夏孢子堆生于叶两面,散生或聚生,椭圆形或长椭圆形。初期被覆盖于寄主表皮下,晚期裸露,粉状,肉桂褐色;夏孢子球形或宽椭圆形。夏孢子堆后期发育成黑色的冬孢子堆,冬孢子椭圆形、长椭圆形或矩圆形。

4.玉米锈病的传播途径是什么?

我国目前发生的普通型、南方型玉米锈病在南方以夏孢子辗转传播、蔓延,不存在越冬问题。北方则较复杂,菌源来自越冬病残体上的冬孢子或来自南方的夏孢子及转主寄主——酢浆草,成为该病初侵染源。田间叶片染病后,病部产生的夏孢子借气流传播,进行田间的再侵染和蔓延扩展。

5.影响玉米锈病的发病因素有哪些?

玉米锈病的发病轻重与品种抗病性、田间菌源量以及环境因素密切相关。一般早熟品种易发病,高温高湿或连续阴天多雨及偏施氮肥发病重。

6.怎样防治玉米锈病?

(1)种植抗病品种

由于玉米锈病主要发生在玉米生长后期,因此利用品种抗病性是防治该病害最有效的措施。不同品种对锈病抗性差异显著,但由于高抗品种较少,各地可根据本地的实际,种植丰产性好、抗性中等的品种。

(2)农业防治措施

①合理施用氮肥,增施磷钾肥,避免偏施、过施氮肥,提高玉米抗病能力;②加强田间管理,清除病残体,集中深埋或烧毁,以减少侵染源。

(3)药剂防治

在发病初期,喷洒25%三唑酮可湿性粉剂1500~2000倍液,间隔10天,连续2~3次,可以控制该病害的发生和扩展。

四、玉米弯孢叶斑病

1. 玉米弯孢叶斑病的发生情况如何？

玉米弯孢叶斑病在我国玉米产区普遍发生，20世纪90年代曾在辽宁、河北、北京、河南、山东、天津等省市大面积发生，给玉米生产造成严重损失，成为部分玉米产区的主要病害，近年已扩展到西北地区。该病的发生特点是，玉米抽雄后病害迅速扩展蔓延，植株布满病斑，叶片提早干枯，一般减产20%~30%，严重地块减产50%以上，甚至绝收。

2. 怎样识别玉米弯孢叶斑病？

该病主要为害玉米的叶片、叶鞘和苞叶。病部初生褪绿小斑点，逐渐扩展为圆形至椭圆形褪绿透明斑，中间枯白色至黄褐色，边缘暗褐色，四周有浅黄色晕圈，大小0.5~4毫米×0.5~2毫米，大的可达7毫米×3毫米。湿度大时，病斑正反两面均可见灰色分生孢子梗和分生孢子。由于不同品种间的抗性差异，该病的症状变异也较大，在有些自交系和杂交种上只产生一些白色或褐色小点。抗病型玉米品种的病斑小，圆形、椭圆形或不规则形，中间灰白色至浅褐色，边缘外围具狭细半透明晕圈。

3. 玉米弯孢叶斑病的病原菌是什么？

该病的病原菌属半知菌亚门的弯孢霉真菌，分生孢子梗褐色至深褐色，分生孢子花瓣状聚生在梗端。分生孢子暗褐色，弯曲或呈新月形，具隔膜，

（王晓鸣　摄）

颜色较浅。

病菌生长最适温度为28℃~32℃,对pH值适应范围广。分生孢子最适萌发温度为30℃~32℃,最适的湿度为饱和湿度,相对湿度低于90%则很少萌发或不萌发。

4.玉米弯孢叶斑病的传播途径是什么?

玉米弯孢叶斑病菌以菌丝体潜伏于病残体组织中越冬,也能以分生孢子状态越冬。遗落于田间的病残体、带菌玉米秸秆及带菌玉米秸秆沤制未腐熟的有机肥都是主要的初侵染源。翌春,病残体上越冬的菌丝体可产生分生孢子,借气流和雨水传播到田间玉米叶片上,在有水膜的情况下,分生孢子萌发侵入,发病后又产生分生孢子进行田间的再侵染。

5.影响玉米弯孢叶斑病的发病因素有哪些?

影响玉米弯孢菌叶斑病发病因素较多,除品种抗性和田间菌源量外,高温、高湿、降雨较多的年份有利于发病,低洼积水田和连作地块发病较重。

6.怎样防治玉米弯孢叶斑病?

(1)选用抗病品种

目前生产上鉴定和筛选出田间发病较轻的自交系和品种为:沈单10号、沈试30、丹418、丹3034、锦试2号、农大108、丹玉13号、沈试29等。

(2)农业防治措施

①合理施肥,增施磷钾肥,提高玉米抗病性;②加强田间管理,合理轮作和间作套种,改善田间通风条件;③收获后,及时清除田间病残体、集中处理或深耕深埋腐熟玉米秸秆肥料,以减少侵染源。

(3)药剂防治

在田间病株率达10%时,喷洒50%多菌灵可湿性粉剂500倍液或75%百菌清可湿性粉剂500倍液、70%代森锰锌可湿性粉剂500倍液。

五、玉米交链孢叶斑病

1.玉米交链孢叶斑病的发生情况如何,怎样识别?

玉米交链孢叶斑病在我国玉米种植区偶有发生,在甘肃各种植区均有发生,局部地区发病严重。该病害在玉米各生育期均有发生,对产量影响不显著。

叶片发病后在叶面产生褪绿的长条状病斑,病斑中部逐渐变为灰褐色,边缘呈紫色,病斑沿叶脉方向迅速扩展,长度超过100毫米,宽10~20毫米。在潮湿条件下,病斑两面生出大量黑色霉状物,即病原菌的分生孢子梗和分生孢子。

2.玉米交链孢叶斑病的病原菌是什么?

该病的病原菌属半知菌类的细极交链孢,其分生孢子梗单生或丛生,分生孢子单生或成短链,倒棍棒形或长椭圆形,淡褐至金黄褐色,具横隔膜,数个纵隔膜,顶部常膨大。

3.玉米交链孢叶斑病的传播途径是什么?

病菌以菌丝体和分生孢子在病残体上越冬,成为翌年发病的初侵染源。该菌寄主范围十分广泛,田间和周边的杂草也可成为翌年的初侵染源和再侵染来源。越冬后的菌丝体产生分生孢子借风、雨滴冲溅传播,多从伤口侵入。

4.影响玉米交链孢叶斑病的发病因素有哪些?

影响玉米交链孢叶斑病发病因素较多,除品种抗性和田间菌源量外,种植密度过大、连年重茬、肥力不足、耕作粗放、杂草丛生的田块,发病较重。

目前对交链孢叶斑病还缺乏系统研究,其发病可能与寄主叶片受到虫害、损伤等为害造成伤口有利于病菌定植和侵染以及植株抗性降低等因素相关。

5.怎样防治玉米交链孢叶斑病?

(1)农业防治措施

①加强田间管理,收获后及时清除病残体和田间地埂杂草,集中深埋或烧毁,以减少侵染源;②合理定苗,加强植株间通风透光;③合理施肥,提高植株抗病性。

（2）药剂防治

在发病严重地块，可用50%多菌灵可湿性粉剂500倍液或70%代森锰锌可湿性粉剂500倍液进行田间喷雾。

六、玉米灰斑病

1.玉米灰斑病的发生情况如何，怎样识别？

玉米灰斑病，又叫玉米尾孢菌叶斑病，是我国北方玉米产区发生的一种重要的叶斑类病害。目前已扩展到河北等玉米产区并造成严重为害。2015年在甘肃陇南地区普遍发生，已成为陇南山区主要病害。灰斑病发生在玉米生长中后期，由植株下部叶片逐步向上部叶片扩展，常导致叶片产生大量病斑而枯死，造成产量损失可达10%。

玉米灰斑病主要发生在玉米的叶片、叶鞘和苞叶上，但以叶片为害为主。病部初期为淡褐色病斑，以后逐渐扩展为浅褐色条纹或不规则的灰色至褐色长条斑，这些条斑与叶脉平行延伸，病斑中间灰色，边缘褐色，有时汇合连片可使叶片枯死。通常在叶片两面产生灰色霉层，即分生孢子梗和分生孢子，以叶背面产生最多。病菌最初先侵染下部叶片引起发病，气候条件适宜可扩展到整个植株的叶片，最终导致茎秆破损和倒伏。

2.玉米灰斑病的病原菌是什么？

玉米灰斑病的病原菌的为半知菌类的玉米尾孢或玉蜀黍尾孢菌。菌丝生长适宜温度为10℃~35℃，以20℃~25℃最快，孢子萌发最适温度20℃~

30℃,菌丝生长和孢子萌发的最适pH值6~8,但在相对湿度80%以上孢子才能萌发。温暖高湿或叶片上有水滴是其生长发育的最佳环境条件。

3.玉米灰斑病的传播途径是什么?

病菌主要以菌丝体随病株残体越冬,成为翌年初侵染源。越冬菌源在次年7—8月产生分生孢子,借风雨传播到田间玉米植株叶片上进行侵染。以后病斑上产生分生孢子进行重复侵染,不断扩展蔓延。

4.影响玉米灰斑病的发病因素有哪些?

不同玉米品种间抗病性差异明显,大面积种植感病品种,如丹605、掖单13等和田间积累病原菌数量是造成灰斑病发生和流行的关键因素。由于病残体上的病原菌可存活半年以上,而埋在土中的病原菌则很快失去生命活力,因此,田间遗留病残体多,且不进行清除和翻埋,发病就重。同时,温暖湿润的环境条件有利于病菌的侵入和发展,因而7月的高降雨量、高相对湿度和适宜温度条件,促使该病发生比较早,而8—9月份的高湿和适温又有利于病害的发展。

5.怎样防治玉米灰斑病?

(1)选用抗病品种

玉米品种对灰斑病抗性差异显著,种植抗病或耐病品种是当前控制该病害最经济、有效的措施,抗病杂交种有:北玉二号、海禾1、北玉16号、屯玉7号、雅玉889、沈试30、沈单16、丹3079、丹3034、丹中试61、辽306、辽9505、沈9728等。

(2)农业防治措施

①合理施肥和浇灌,避免田间积水,提高植株抗病能力;②采用间作种植形式来改善田间小气候,降低田间的相对湿度;③秋收后及时清理田园,减少遗留在田间的病株;④冬前深翻土地,促进植株病残体腐烂。

（3）药剂防治

发病初期喷药,常用药剂有75%百菌清可湿性粉剂500倍液或50%多菌灵可湿性粉剂600倍液、20%三唑酮乳油1000倍液进行喷雾防治。间隔7~10天,连续2~3次。

七、玉米褐斑病

1.玉米褐斑病的发生情况如何?

玉米褐斑病广泛分布于世界各玉米产区,在我国发生极为普遍,近年来黄淮海地区包括江苏、山东、山西、河南和河北南部等夏玉米产区相继报道玉米褐斑病发生日益严重,发病面积高达50%~83.3%,严重地块病株率达到100%。一般造成减产10%左右,严重时减产30%以上,有发展成为夏玉米产区玉米主要病害的趋势。

2.怎样识别玉米褐斑病?

玉米褐斑病主要为害玉米叶片、叶鞘和茎秆,症状多出现在玉米抽穗期至乳熟期。先在顶部叶片的尖端发生,以叶和叶鞘交接处病斑最多,常密集成行,初为浅黄色、逐渐变为褐色、红褐色或深褐色,病斑为圆形或椭圆形,

（王晓鸣　摄）

（王晓鸣　摄）

直径约1毫米,隆起附近的叶组织常呈红色,小病斑常汇集在一起,严重时叶片上出现几段甚至全部布满病斑,在叶鞘上和叶脉上出现较大的褐色斑点。发病后期病斑表皮破裂,散出褐色粉状物,即病菌的休眠孢子。

3.玉米褐斑病的病原菌是什么?

玉米褐斑病的病原菌为子囊菌类的玉蜀黍节壶菌,是玉米上的一种专性寄生菌,寄生在寄主薄壁细胞内。休眠孢子囊壁厚,近圆形、卵形或球形,黄褐色或褐色,膜厚而光滑,略扁平,有囊盖。病原菌发育最适温度为23℃~30℃,叶片有水珠形成或连续降雨1~2天,有利于休眠孢子的萌发。

4.玉米褐斑病的传播途径是什么?

玉米褐斑病病菌以休眠孢子(囊)在土壤或病残体中越冬,在翌年玉米生长季节靠气流和雨水传播到玉米植株上,遇到合适条件萌发产生大量的游动孢子,游动孢子在叶片表面水滴中游动,并形成侵染丝,常在喇叭口内侵害玉米的幼嫩组织。休眠孢子囊在干燥的土壤和病株残体中可存活3年以上。

5.影响玉米褐斑病的发病因素有哪些?

玉米品种间抗病力无明显差异,但受害程度明显不同,种植双亲中含有唐四平头成分的玉米品种发病严重,如沈单16号,陕单911,豫玉26等。田间菌源量多、种植密度过大、肥力不足、连续降雨等有利于该病害的发生与流行。

6.怎样防治玉米褐斑病?

(1)选用抗病品种

在玉米褐斑病发生较重的区域,可选用农大3315、京黄147、中玉5号、掖单18、京垦系列等品种,抗病性能比较突出。

(2)农业防治措施

①合理施用氮肥,增施磷钾肥,提高玉米抗病能力;②及时排出田间积水,减少田间湿度;③玉米收获后清除田间病残体,集中深埋或深翻土地,以减少次年的侵染菌源;④必要时,可实施3年以上轮作倒茬。

(3)药剂防治

玉米发病初期,可用25%三唑酮可湿性粉剂1500~2000倍液或60克/升戊唑醇悬浮种衣剂450倍液进行叶面喷雾效果甚好。

八、玉米圆斑病

1.玉米圆斑病的发生情况如何？

玉米圆斑病为局部地区病害，在我国吉林、云南、河北、北京、辽宁、甘肃、陕西等省曾有病害记录。由于大多数玉米品种对圆斑病表现抗病性，该病害的发生与流行，主要与感病品种有关。圆斑病造成的病斑，影响光合作用，能够造成较重的生产损失。

2.怎样识别玉米圆斑病，它的病原菌是什么？

玉米圆斑病病菌主要为害叶片和果穗，也可侵染叶鞘和苞叶。初侵染病斑为水渍状小点，浅绿色或浅黄色，成熟病斑为椭圆形或近圆形，大小5~15毫米×3~5毫米，病斑具有同心圆，中央浅褐色，边缘褐色或紫褐色，周围有褪绿晕圈。病原菌侵染苞叶后先形成病斑，再逐渐入侵到果穗内部，为害籽粒和穗轴，使其变黑凹陷，籽粒表面和籽粒间长有黑色霉层，籽粒干瘪形成穗腐。

该病的病原菌无性态：玉米生平脐蠕孢菌，有性态：炭色旋孢腔菌。其分生孢子梗暗褐色，分生孢子深橄榄色。病菌喜温暖高湿条件，侵染寄主后

潜育期短,只有2天,显症快,5~7天即可形成典型病斑。

3.玉米圆斑病的传播途径是什么?

病菌以菌丝体和分生孢子在田间病残体和收获堆垛的玉米秸秆、果穗、苞叶、叶鞘及叶片上越冬,是翌年发病的初浸染源。种子也能带菌,引起苗期苗枯病害,也是远距离传播的重要途径。高温高湿条件下,借助风雨的冲溅形成田间的重复再侵染。

4.影响玉米圆斑病的发病因素有哪些?

该病多在玉米生长的中后期,即玉米抽雄前后开始发病,田间一般先出现几个发病中心,然后向四周扩散蔓延。7—8月份低温、高湿条件有利于病害的流行和扩展。田间相对湿度85%以上时,数天内就可在叶片上产生大量病斑。不同品种的玉米对圆斑病的抗性差异明显。一般地势低洼、雨后积水和连作重茬地发病重。

5.怎样防治玉米圆斑病?

(1)选用抗病品种

除吉63等少数自交系高度感病外,豫玉22、农大108、农大3138、东单7号、沈单10号、沈单16号、户单4号、新陕资号、高农1号和陕单9号等杂交种也表现感病,其他大多数自交系和品种都表现抗圆斑病。

(2)农业防治措施

①玉米收获后清除田间病残体,集中深埋或深翻土地,以减少越冬菌源;②增施有机肥做底肥,特别注意及时追施氮、磷、钾肥,防止生长期间的营养不足和后期脱肥,提高植株抗病能力。

(3)药剂防治

在果穗冒尖阶段或80%果穗抽出时,喷洒25%三唑酮乳油500~800倍液或50%多菌灵可湿性粉剂500倍液,防治效果较好。

九、玉米镰刀菌顶腐病

1.玉米镰刀菌顶腐病的发生情况如何?

玉米顶腐病在辽宁、吉林、黑龙江、甘肃和山东等省发生,并有加重流行趋势。2005年在沈阳及辽北地区发生严重,平均发病率达10%左右。2006年在吉林省梅河口地区发生严重,平均发病率达30%左右。2007年在辽宁新民、辽中等地严重发病地块发病率高达40%,为害损失重,潜在危险性较高。甘肃自2003年在河西走廊发现此病后,近年在全省各地都有发生,并呈上升趋势。

2.怎样识别玉米镰刀菌顶腐病?

玉米顶腐病可在玉米整个生长期侵染发病,各不同生育期的症状表现是:

(1)苗期症状,主要表现为植株生长缓慢,顶部叶片基部或叶缘出现刀切状缺刻,叶片边缘失绿、出现黄色条斑;有的叶片皱缩、扭曲,重病苗也可见茎基部变灰、变褐、变黑而枯死。

(2)成株期症状,病株矮化不明显,其症状呈多样化:①感病叶片的基部或边缘出现"刀切状"缺刻,叶缘和顶部褪绿呈黄亮色,严重时1个叶片的半边或全叶脱落,只留下叶片中脉以及中脉上残留的少量叶肉组织。②叶片基部边缘褐色腐烂,叶片有时呈"撕裂状"或"断叶状",严重时顶部4~5叶的叶尖或全叶枯死。③顶部叶片蜷缩成直立"长鞭状",有的在形成鞭状时被其他叶片包裹不能伸展形成"弓状",有的顶部几个叶片扭曲缠结不能伸展,缠结的叶片常呈"撕裂状""皱缩状"。④穗位节的叶片基部变褐色腐烂,常常在叶鞘和茎秆髓部也出现腐烂,叶鞘内侧和紧靠的茎秆皮层呈"铁锈色"腐烂,剖开茎部,可见内部维管束和茎节出现褐色病点或短条状变色,有的出现空洞,内生白色或粉红色霉状物,刮风时容易折倒。⑤穗位节叶基和茎

部发病,叶鞘和茎秆组织软化,植株顶端向一侧倾斜。⑥有的品种感病后顶端叶片丛生、直立。⑦感病轻的植株可抽穗结实,但果穗小、结籽少;严重的雌、雄穗败育、畸形而不能抽穗或形成空秆。

3.玉米镰刀菌顶腐病的病原菌是什么?

玉米镰刀菌顶腐病的病原菌为半知菌类的胶孢镰刀菌。病菌菌丝生长的适宜温度和其分生孢子的萌发适宜温度都为25℃~30℃。除侵染玉米外,病菌还可侵染高粱、谷子、小麦等禾本科作物及狗尾草、马唐杂草等。

4.玉米镰刀菌顶腐病的传播途径是什么?

病原菌在土壤、病残体和带菌种子上越冬,成为下一季田间玉米发病的初侵染菌源。带菌种子还可远距离传播病害,使发病区域不断扩大。顶腐病具有某些系统侵染的特性,病株产生的病原菌分生孢子还可以随风雨传播,在田间进行再侵染。

5.影响玉米镰刀菌顶腐病的发病因素有哪些?

不同品种感病程度不同,一般杂交种的抗病性强于自交系。不同栽培条件下的发病程度存在差异,一般来说,低洼地块、土壤黏重地块发病重,特别是水田改旱田的地块发病更重;而山坡地和高岗地块发病轻;种子在土壤中滞留时间长,幼苗长势弱,发病重;在水肥条件较好、栽培密度过大、超量施氮、多年连茬种植的地块以及播种过早过深的地块发病重;杂草丛生、管理粗放的田块发病较重;高温、高湿、降雨天气有利于其发生及流行。

6.怎样防治玉米镰刀菌顶腐病?

(1)选用抗病品种

品种间抗性差异显著,许多品种就有高度的抗病和耐病性,在病害常发区,种植抗病品种。

(2)农业防治措施

①及时中耕排湿提温,消灭杂草,防止田间积水,提高幼苗质量,增强抗病能力;②对发病较重地块更要做好及早追肥工作,合理施用化肥,要做好叶面喷施锌肥和生长调节剂,促苗早发,补充养分,提高植株抗病能力;③对玉米心叶已扭曲腐烂的较重病株,可用剪刀剪去包裹雄穗的叶片或用刀片划开,以利于雄穗的正常吐穗,并将剪下的病叶带出田外深埋处理。

(3)药剂防治

用种子重量的0.2%~0.3%剂型为75%百菌清可湿性剂、50%多菌灵可湿性粉剂或15%三唑酮可湿性粉剂等广谱内吸性强的杀菌剂拌种。

田间发病初期可选500倍液的50%多菌灵加硫酸锌肥,或500倍液的75%百菌清加硫酸锌肥(锌肥用量应根据不同商品含量按说明用量的3/4)喷雾。

第三节 叶鞘部病害

一、玉米纹枯病

1.玉米纹枯病的发生情况如何?

玉米纹枯病在我国玉米种植区普遍发生,且为害日趋严重。一般田间发病率在50%以上,严重时达70%,个别地块或品种可达100%。病害主要发生在玉米生长后期,为害玉米植株近地表的叶鞘、茎秆甚至果穗。由于茎秆被破坏,影响水分和营养的输送,果穗停止发育,形成"霉苞",因此造成的产量损失较大,减产在15%以上,高者可达50%,甚至绝收。

该病的发病特点是喇叭口期在茎基部叶鞘处有水渍状病斑,拔节期病斑逐步明显,抽雄期发展速度加快,吐丝期为害加剧,灌浆至蜡熟期病情发展速度骤增,是为害的关键时期。

2.怎样识别玉米纹枯病?

玉米纹枯病病菌主要为害叶鞘,也可为害茎秆,严重时引起果穗受害。发病初期多在基部1~2茎节叶鞘上产生暗绿色水渍状病斑,后扩展融合成不规则形或云纹状大病斑。病斑中部灰褐色,边缘深褐色,由下向上蔓延扩展。果穗苞叶染病也产生同样的云纹状斑。果穗染病后秃顶,籽粒细扁或变褐腐烂。严重时果穗干腐、穗轴霉变、植株根茎基部组织变为灰白色,次

生根黄褐色或腐烂。多雨、高湿持续时间长时，病部长出稠密的白色菌丝体，菌丝进一步聚集成多个菌丝团，形成小菌核。

3.玉米纹枯病的病原菌是什么？

玉米纹枯病的病原菌是由半知菌类的立枯丝核菌、禾谷丝核菌和玉蜀黍丝核菌单独或混合侵染所致，其中立枯丝核菌为该病的优势病原菌。玉米纹枯病菌属高温型菌群，菌丝生长最适温度为26℃~30℃，菌核形成的最适温度为22℃。病菌属喜微酸菌群。菌核在干燥的土壤中可存活6年，在流动的活水中可存活6个月。病菌寄主范围广泛，自然条件下可寄生15科200多种植物。

4.玉米纹枯病的传播途径是什么？

病菌以菌丝和菌核在病残体或在土壤中越冬。翌春条件适宜，菌核萌发产生菌丝侵入寄主，成为第二年的初侵染源。感病植株病部产生气生菌丝，在病组织附近不断扩展。菌丝体侵入玉米表皮组织时产生侵入结构。病、健叶片和叶鞘的相互搭接或与邻株接触形成田间的再侵染，另外，由当年感病植株病部遗落田间的成熟菌核也可成为再侵染的菌源。而玉米种子和病残体虽能带菌,但不能引起玉米植株发病,所以该病是短距离传染的病害。

5.影响玉米纹枯病的发病因素有哪些?

气候因素对纹枯病的扩展有重要影响,雨日多、湿度高、病情发展很快,少雨低湿或气温低于20℃、高于30℃不利于病害的发生和传播。一般连作重茬地、种植密度大、田间郁蔽、底肥不足或氮肥过多、田间积水、湿度大的田块均有利于发病。同时,由于玉米品种间对纹枯病的抗病性差异明显,因此该病的发生也与种植的品种关系密切。

6.怎样防治玉米纹枯病?

(1)选用抗病品种

目前,尚未发现高抗及免疫玉米杂交种,比较抗病的品种有四单48、78,吉单149、180,掖单14、15渝糯2号,本玉12号等。

(2)农业防治措施

①收获后及时清除病残体,深翻灭茬,以减少次年的侵染菌源;②施足基肥,不偏施氮肥、合理密植或采用间作套种及合理轮作等措施。

(3)药剂防治

发病初期,于玉米生长中期在茎秆下部及时喷施50%多菌灵可湿性粉剂500倍液或40%菌核净可湿性粉剂1000倍液、5%井冈霉素1000倍液,注意喷洒部位以植株下部和果穗位置,防治效果较好。一般要交替用药,每隔7~10天1次,连喷2~3次。

二、玉米鞘腐病

1.怎样识别玉米鞘腐病?

玉米鞘腐病是我国玉米新病害,首次在东北春玉米区发现。近年来,在甘肃各玉米种植区普遍发生,该病害症状特点与玉米褐斑病、纹枯病和圆斑病等有相似之处。玉米鞘腐病在辽宁省田间调查发现,东部山区发病严重,中、北部发病偏重,辽西地区较轻。

玉米鞘腐病主要为害玉米叶鞘,为玉米生育中、后期病害。受害叶鞘呈

黑褐色腐烂症状,故称之为鞘腐病。该病主要发生在玉米生长后期的籽粒形成直至灌浆充实期。病斑初为椭圆形或褐色小点,后逐渐扩展,直径可达5厘米以上,多个病斑汇合形成黑褐色不规则形斑块,蔓延至整个叶鞘,致使叶鞘干腐。

2.玉米鞘腐病的病原菌是什么?

玉米鞘腐病的病原菌属半知菌类的层出镰孢菌。病菌生长的适宜温度为25℃~30℃,最适温度为28℃。适宜菌丝生长的pH值为5~6。病菌的大型分生孢子和小型小孢子的萌发适温为25℃~30℃。该菌不产生厚垣孢子。

3.玉米鞘腐病如何防治?

由于该病在我国属新近发生病害,并有加重为害趋势,有关该病害的侵染循环及发生流行规律和防控措施等,全国各地科研教学单位正在进行探究。根据河北农业大学对相关化学药剂的室内毒力测定、筛选和田间防效调查,建议在发病初期,使用多菌灵、戊唑醇、烯唑醇或多菌灵+戊唑醇(配比1:1或2:1)进行喷雾,对玉米鞘腐病具有较好的田间防效,防治效果都在90%以上,玉米保产、增产效果显著。

另外,根据田间初步观察发现,品种间发病程度存在明显差异。建议根据当地生产表现情况,选用抗病和耐病品种。

第四节　根茎部病害

一、玉米根腐病

1.玉米根腐病的发生情况如何?

玉米根腐病在各地普遍发生,但严重程度不同。一般在3~6叶期发病。当玉米播种后遇到降雨,造成土壤积水,则易发生根腐病。一般状况下,根腐病发病率较低,不会造成严重的生产问题,但在特殊环境条件下,如2014年甘肃河西地区高台县部分田块根腐病发生严重,严重影响玉米产业的健康发展。

2.怎样识别玉米根腐病?

玉米根腐病是由多种病原菌引发的一种真菌性病害。这些病原菌中有的可以单独侵染,更多的是几种病原菌的复合侵染。根腐病的主要特点是根部发病,造成根部腐烂,但由于病原菌的种类不同,还有其各自的一些识别特征。如:由腐霉菌引起的根腐病,主要表现为中胚轴和整个根系逐渐变褐、变软、腐烂,根系生长严重受阻;植株矮小,叶片发黄,幼苗死亡。由丝核菌引起的根腐病,病斑主要发生在须根和中胚轴上,病斑褐色,沿中胚轴逐

渐扩展,环剥胚轴并造成胚轴缢缩、干枯。病害侵染严重时,可导致幼苗叶片枯黄直至植株枯死。由镰刀菌引起的根腐病,主要表现为根系端部的幼嫩部分呈现深褐色腐烂,组织逐渐坏死;与籽粒相连的中胚轴下部发生褐变、腐烂;植株叶片尖端变黄,病害严重时导致植株死亡。

3.玉米根腐病的病原菌是什么?

玉米根腐病是由腐霉菌、立枯丝核菌、拟轮枝镰孢菌、禾谷镰孢菌等多种病原菌单独或复合侵染引起,但不同地区病原菌组成因生态环境的不同而存在差异。

4.玉米根腐病的传播途径是什么,影响其发病因素有哪些?

玉米根腐病因侵染病原不同,初侵染源也不相同。多数情况下病菌以菌丝体、无性孢子或子囊壳在落入土壤的病残体或由种子带菌成为翌年田间发病的初浸染源。另外,由带病玉米秸秆堆制的未能充分腐熟发酵的肥料也能成为来年的初侵染源。带菌种子调运是玉米根腐病远距离传播的重要途径。

影响根腐病的发病因素除品种抗病性外,连年种植导致土壤菌源量累增,是造成根腐病严重的重要因素。低洼积水、雨多低温、地下虫害等因素与病害发生为害程度关系密切。

5.怎样防治玉米根腐病?

(1)农业防治措施

①合理轮作倒茬,改变土壤小环境,减少菌源量;②收获后及时清除病残体,深翻土地,减少次年的侵染菌源。

(2)药剂防治

在根腐病发生较重的地区,应采用含杀菌剂的种衣剂进行玉米种子包衣处理或在播种前用杀菌剂拌种。对于镰孢菌和丝核菌引起的根腐病,可以选用75%百菌清可湿性粉剂、50%多菌灵可湿性粉剂、80%代森锰锌可湿性粉剂以种子重量的0.4%拌种,也可以用卫福拌种剂直接拌种。对于腐霉菌根腐病,则应选择杀卵菌纲药剂,如58%甲霜灵·锰锌(10%甲霜灵和48%代森锰锌)可湿性粉剂以种子重量的0.4%拌种。也可采用木霉菌和假单胞杆菌处理种子,均可收到较好防治效果。

二、玉米茎基腐病

1.玉米茎基腐病的发生情况如何？

玉米茎基腐病，又称玉米青枯病或茎腐病，是世界性的玉米病害，在我国各玉米产区均有发生。在玉米生长后期，病菌侵染植株近地表的茎节，导致营养和水分输送受阻，茎秆腐烂。一般年份发病率在5％左右，严重年份在20％以上。该病对玉米产量造成的损失较大。

2.怎样识别玉米茎基腐病？

玉米茎基腐病田间显症最明显的时期是在果穗吐丝以后，特别是在玉米进入乳熟期后，全株叶片突然褪色，无光泽，很快变为青灰色并干枯。茎基节间产生纵向扩展的不规则状褐色病斑，随后缢缩，变软或中空，后期茎内部空松。剖茎检视，可见病部组织腐烂，维管束呈丝状游离，有白色或粉红色霉层。病株茎秆腐烂自茎基第一节开始向上扩展，可达第二三节，甚至第四节，极易倒折。

3.玉米茎基腐病的病原菌是什么？

引起玉米茎基腐病的病原菌主要有两大类，一类是以肿囊腐霉和禾生腐霉为主的腐霉菌所引起；一类是以禾谷镰刀菌和拟轮枝镰刀菌为主的镰刀菌所引起。

4.玉米茎基腐病的传播途径是什么,影响其发病因素有哪些?

玉米茎基腐病因侵染病原不同,初侵染源也不相同。腐霉茎基腐病以病菌卵孢子在病株残体组织内外、土壤和种子上存活越冬,成为第二年初侵染源。由镰刀菌引起的玉米茎基腐病,其侵染循环比较复杂,常以菌丝或分生孢子在病残体、土壤和种子上越冬,成为翌年初侵染源。

玉米茎基腐病虽然是由腐霉和镰刀菌两种不同病原菌所引起,但其共同点都是以土壤习居为主的土传病害。因而影响该病的发病因素除不同品种间的抗性外,主要是土壤中的含菌量。此外,还与温湿度条件有关。一般连作年限长、偏施氮肥、特别是玉米生长后期降水多、田间积水、温度过高都是造成玉米茎基腐病发生和流行的主要因素。

5.怎样防治玉米茎基腐病?

(1)选用抗病品种

不同玉米品种对茎基腐病的抗性差异显著,许多品种具有高度的抗病和耐病性,在病害常发区应选用和种植抗病品种。

(2)农业防治措施

合理轮作倒茬,改变土壤小环境,减少菌源量;收获后及时清除病残体,深翻土地,以减少次年的侵染菌源;在玉米生长后期,避免田间积水;施用硫酸锌作为种肥,45千克/公顷。

(3)药剂防治

目前药剂防治比较困难,使用满适金(咯菌·精甲霜)种衣剂进行种子包衣处理,可有效减轻玉米茎基腐病的发生与为害。

三、玉米烂籽病

1.什么是玉米烂籽病,其病原菌是什么?

玉米种子在播种后的萌发过程中,遭受土壤或种子携带的真菌侵染,引起种子腐烂或霉变,我们通称为玉米烂籽病。

玉米烂籽病在我国玉米种植区普遍发生,尤其是玉米播种后遭遇持续低温阴雨天气发病较为普遍,是玉米缺苗的主要原因之一。

引起玉米烂籽病即种子腐烂霉变的原因通常是由镰孢菌、腐霉菌和立枯丝核菌引起。

2.玉米烂籽病的发病过程是什么？

春季，玉米播种后土壤中的病菌或依附在种皮上的病菌在种子萌发过程中直接穿透种皮或从种皮的开裂处侵入种子，或者种子内部的病菌直接从休眠状态转入生长状态。由于玉米种子内含有大量的淀粉，成为这些土壤中致病菌大量、快速繁殖的营养基础，因此病菌在种子内扩展极快，能够在较短的时间内占据全部种子，引起细胞组织崩溃，种子发生霉变，严重者造成种子整体腐烂，无法继续生长成为幼苗。病菌能够在侵染种子后形成各种孢子，借助灌水、降雨等条件在土壤内进一步扩散，也可以通过菌丝生长，向相邻幼苗扩展，引起根腐等病害。

在排水不良、低温、土壤湿度大、播种过深和土壤黏重的条件下，易发生种子腐烂；甜玉米由于含糖量高，更易被各种致病菌侵染引起玉米烂籽病。

3.怎样防治玉米烂籽病？

（1）把好种子质量关。播种前测定种子发芽率，低于85％时要更换种子或加大播种量。

（2）适时播种。土壤表层5~10厘米地温稳定在10℃~12℃，土壤含水量在60％以上，方可播种。

（3）选用适宜种衣剂，如立克秀（戊唑醇）及满适金（咯菌·精甲霜）种衣剂按剂量进行种子包衣。

第三章　细菌性病害

一、细菌性叶斑病

1.怎样识别细菌性叶斑病？

玉米细菌性叶斑病在我国玉米产区都有发生。该病主要发生在叶片上，有时也发生在叶柄及茎部。病害症状表现为各种斑点、坏死甚至引起整株萎蔫。病叶上出现红褐色水浸状的窄条纹，直径约33毫米×20毫米，病斑上有菌浓溢出，条纹相互结合，形成不规则的大片坏死区域，导致叶片严重受害。症状类型可大致分为4类：

(1)枯死斑型：初期感病玉米植株的叶片上出现平行于叶脉的褪绿条带，整个叶片上分散有小的黄色水浸状斑点，随着病害的发展，病斑逐渐扩大，变为黄色干枯的坏死斑；感染后期，病斑扩大并相互结合，在叶片上形成大面积的枯死斑，进而引起叶片枯死。

（2）褪绿斑型:初期感病植株的叶片上分散有黄色水浸状不规则斑点,随着病害的发展,病斑逐渐扩大,变为黄色至褐色坏死斑,且坏死斑周围有黄色晕圈围绕;病斑经常沿着叶脉方向平行扩展;感染后期,病斑扩大并相互结合,在叶片上形成大面积的褪绿坏死斑。

（3）条斑型:典型症状为植株矮缩和萎蔫。叶片形成淡绿色至黄色、具有不规则或波浪状边缘的条斑,与叶脉平行,有的条斑可以延长到整个叶片的长度,病斑干枯后呈褐色。受害严重的植株表现为明显矮缩,甚至萎蔫。

（4）褐斑型:发病初期,叶片上出现小点状褪绿斑,病斑逐渐扩展,呈圆形或椭圆形,病斑变褐且周围有褪绿晕圈,受害严重的植株病斑连片,导致叶片枯死。

2.细菌性叶斑病的病原菌是什么,如何进行传播?

细菌性叶斑病在外观症状上表现差异较大,这是由于引起玉米细菌性叶斑病的病原菌也存在较多的种类,如菠萝泛菌,芽孢杆菌,丁香假单胞菌丁香变种,且都遗落在田间的病残体和种子上越冬,成为第二年田间发病的初侵染源。

细菌性叶斑病的传播途径主要是病原细菌借风雨、昆虫或人为田间操作传播,从玉米植株伤口或气孔侵入致病。

3.影响细菌性叶斑病的发病因素有哪些?

玉米细菌性叶斑病的发病与田间温度和湿度状况有密切的关系,气候温暖、降雨量较多时,有利于玉米细菌性叶斑病的发生和流行。地势低洼、排水不良、播种密度大、土壤板结、偏施氮肥等的地块发病较重。

4.怎样防治细菌性叶斑病?

玉米细菌性叶斑病防治比较困难,一般可采取以下防治措施:

（1）合理密植,创造条件。改变田间气候环境,提高玉米植株自身抗病性。

（2）玉米收获后,及时清除病残体及玉米周边杂草,防止病残体或杂草上的细菌侵染玉米或病原细菌在杂草上寄生。

（3）在玉米发病初期,喷施药剂72%农用链霉素可溶性粉剂4000倍液进行田间防治。

二、细菌性茎腐病

1.怎样识别细菌性茎腐病？

玉米细菌性茎腐病又称烂腰病，一般田块病株率为10%左右，高者可达20%，对玉米产量影响较大。

细菌性茎腐病主要为害玉米植株中部的茎秆和叶鞘，在茎节上或叶鞘上初现水渍状腐烂，病组织软化，并散发出臭味。叶鞘上病斑不规则，边缘浅红褐色，湿度大时，病斑向上下迅速扩展，严重时常在发病后3~4天病部以上倒折，溢出黄褐色腐臭菌液。干燥条件下病斑扩展缓慢，但病部也易折断，造成不能抽穗或结实。

2.细菌性茎腐病的传播途径是什么？

细菌性茎腐病病原为胡萝卜欧文氏菌玉米专化型和玉米假单胞杆菌两种细菌。

病菌在田间病残体和种子上越冬，成为翌年田间玉米发病的初侵染源。病原细菌从植株的气孔和伤口侵入，导致植株受害。

栽培管理中，玉米受害虫为害造成的伤口利于病菌侵入；高温高湿利于

发病;地势低洼或排水不良,密度过大,通风不好,施氮过多而磷、钾肥不足都易引发茎腐病。

3.怎样防治细菌性茎腐病?

(1)选用抗病品种

品种间抗性差异显著,许多品种都具有高度的抗病和耐病性,在病害常发区,种植抗病品种。

(2)农业防治措施

①实行轮作,尽可能避免连作;②收获后及时清洁田园,清除病残株,减少菌源;③加强田间管理,合理密植,雨后及时排水,防止湿气滞留。

(3)药剂防治

在玉米喇叭口期或发病初期,喷洒72%农用链霉素可溶性粉剂4000倍液,防效较好。

第四章 病 毒 病

一、玉米矮花叶病

1.怎样识别玉米矮花叶病?

玉米矮花叶病是一个世界性的玉米病毒性病害,国内各玉米区发生普遍,为害严重。玉米全生育期均可感染矮花叶病,尤以幼苗期到抽雄前易受感染。感病玉米首先从上部叶片的叶基部沿侧脉间出现淡绿色或浓绿色斑驳或花叶症状,进而发展为黄绿相间的条纹。受害植株常出现矮化,其矮化程度取决于病毒侵染时植株的生育阶段,病毒侵入越早植株矮化越明显。严重的可影响拔节、抽雄,结实减少,甚至成为空秆。

2.玉米矮花叶病的传播途径是什么?

引起玉米矮花叶病的病原是两种病毒,甘蔗花叶病和玉米矮花叶病毒,其中甘蔗花叶病是我国的主要毒源。这种病毒的粒体呈线状,只能在电子显微镜下看到。

玉米矮花叶病的田间初侵染主要是种子带毒,田间再侵染主要靠蚜虫或叶片摩擦传播。当蚜虫刺吸带毒玉米植株和越冬杂草后,即成为带毒媒介虫体,再刺吸健康玉米植株后就可传毒感染、发病,并在田间扩散流行。玉米矮花叶病毒的寄主植物有禾本科作物和杂草达几十种之多,如马唐草、画眉草、狗尾草、稗草、苋草、虎尾草、雀麦草等。能够传毒的蚜虫有玉米蚜、麦二叉蚜、禾谷缢管蚜、棉蚜、桃蚜、菜蚜等。

影响玉米矮花叶病的发病因素主要是玉米品种、毒源、介体蚜虫的数量和气候等,这些因素决定着病害的发生程度:①品种抗病性:栽培品种的抗病性是决定矮花叶病发生程度的关键因素。②毒源和蚜虫数量:蚜虫是矮花叶病传播的主要媒介,因此田间蚜虫的活动及毒源量多少与病害的发生密切相关。③栽培和环境条件:栽培方式对病害的流行有显著的影响,如播种期、栽培方式等。④气候因素:气候对传毒蚜虫的发生消长有直接关系,春季气温回暖早对蚜虫的繁殖和迁移为害有利,辗转传毒的概率大,因而发病就重。

3.怎样防治玉米矮花叶病?

(1)选用抗病品种

推广种植高抗和抗矮花叶病的品种,是防治该病经济有效的根本措施。近年来国内育种单位相继选育出一些抗病品种。甘肃省农业科学院植物保护研究所经多年对 10 855 份玉米种质资源及品种的抗病性鉴定,筛选出 250

余份抗病种质资源和300余份抗病杂交种,为生产提供了多个抗源材料和抗病品种。其中抗病自交系有黄早四、K12、齐319、98599-1等。抗病杂交种有富试一号、沈单16、豫单2002、京早23、永玉2号、中单8137、中单4328、金穗2019、金穗2023、金穗2028、京科256、京科502、京玉4号、沈试29、张单251、唐抗5号、辽206、农大62、京科2号、首玉603、太单32、海禾1号、海禾2号、DN211、DH3691、京科糯120、金海605、中单8137、中单4328等。

(2)农业防治措施

①加强栽培管理,适时早播,清除田间杂草,并结合间苗、定苗,对病株及时拔除深埋,尽可能减少初侵染源数量。健身栽培、合理肥水管理、中耕,促进玉米健壮生长,提高抗病能力。推广地膜覆盖种植,可对蚜虫产生驱避作用,减少蚜虫对玉米的传毒概率,从而达到防病的目的。

②建立无病种子繁殖基地,繁殖自交系和配制杂交种都应在无病区或轻病区进行,并采取各种有效措施,确保繁殖的种子不携带矮花叶病毒,减少初侵染来源,以有效控制病害流行。

(3)药剂防治

在玉米播种后出苗前和定苗前,用10%吡虫啉450克/公顷,25克/升溴氰菌酯乳油进行田间喷雾,对早春繁殖场所进行喷药灭蚜工作,减少向玉米田迁飞的蚜虫数量从而达到防病效果。播种前,也可选用30%噻虫嗪悬浮种衣剂包衣,或70%吡虫啉可分散粉剂拌种。

二、玉米红叶病

1.玉米红叶病的发生情况如何?

玉米红叶病又称玉米黄矮病,主要分布在甘肃、陕西中南部及同类条件地区。2013年在甘肃省各玉米种植区及周边地区大面积发生和流行,病田率和病株率均为100%。

2.怎样识别玉米红叶病?

苗期:植株矮化不明显,病叶自叶

尖沿叶缘向下红化,质硬。个别品种感病后出现平行于叶脉的黄白色条点,呈虚线状。成株期:植株轻度矮化,病叶自叶尖向下红化达叶片 1/3~1/2 处,叶基色正常,发病叶位由下而上系统发生,重病株穗小、秃顶、籽粒枇瘦甚至空秆。

3.玉米红叶病的传播途径是什么?

玉米红叶病是由小麦黄矮病毒-GDV 和玉米黄矮病毒-RMV 侵染所致,病毒粒体成球状。传播媒介为多种蚜虫,依次为禾谷缢管蚜、麦长管蚜和麦二叉蚜。病毒在介体蚜虫体内为半持久性传毒,寄主范围为小麦、大麦、燕麦、青稞、谷、糜和狗尾草、画眉草、雀麦等禾草。

影响玉米红叶病的发病因素与品种和环境条件等密切相关,凡种植感病品种、早春温暖、干旱和蚜虫种群数量大的年份发病严重。

4.怎样防治玉米红叶病?

(1)选用抗病品种

品种间对红叶病的抗性存在差异,推广种植抗红叶病的品种是防治该病经济有效的根本措施,如丰玉 1 号、甘玉 23 号、张单 379、金凯 1 号等。

(2)药剂防治

在蚜虫迁飞高峰期前,用杀虫剂对早春繁殖场所进行喷药灭蚜工作。减少向玉米田迁飞的蚜虫数量从而达到防病效果。

三、玉米粗缩病

1.玉米粗缩病的发生情况如何?

玉米粗缩病的发生特点,一是在已知玉米病毒中发生最为广泛的病害之一,在全国各大玉米种植区均有发生。二是病害造成的损失严重,一旦发病,田间病株率高,减产幅度大,甚至因病毁种。

2.怎样识别玉米粗缩病?

玉米粗缩病在玉米全生育期都能发病。苗期表现植株矮化严重,叶色深绿,叶形宽短质硬,呈丛生状,叶背细脉上有蜡白色突出物。成株期:植株重度矮化,病株节间缩短,叶片近似对生状,病叶色深,叶背有蜡白条,雄穗发育不良,根系不发达,侧根常有纵裂坏死条,植株极易拔起。

3.玉米粗缩病的传播途径是什么?

玉米粗缩病的病原菌是稻黑条矮缩病毒,属于植物呼肠孤病毒组,病毒粒体球状。

玉米粗缩病毒不依靠土壤、种子、花粉和植株间的摩擦传播,仅通过灰飞虱传播。灰飞虱吸毒后可终身带毒,为持久性传毒,但不经卵传毒,传播途径单一。在北方玉米区,粗缩病毒可在冬小麦上越冬,也可在多年生禾本科杂草及传毒介体灰飞虱体内越冬。凡被灰飞虱为害过的麦田及杂草丛生的作物间套种田,都是该病毒的有效毒源。寄主范围为小麦、大麦、谷、糜、高粱和稗草。

影响玉米粗缩病的发病因素主要是由寄主、病毒、传播介体灰飞虱、环境条件和耕作栽培措施等因素组成的复杂的病害系统所决定的。一般麦套玉米和晚春玉米田以及杂草丛生的田块发病重，油菜、大蒜茬玉米田发病重，而夏玉米播种早的发病重，播种晚的发病轻；生产管理粗放的玉米田发生较重，前茬小麦丛矮病发生重的地块发病重；水肥不足，有机肥施入偏少，造成玉米免疫力减弱，也利于病害发生。

4.怎样防治玉米粗缩病？

（1）选用抗病品种

目前生产上推广品种对粗缩病的抗性大部分处在高感或感病水平，未见抗性较好的品种，一般硬粒型比马齿型的杂交种抗病。农大108、东单60和农大3138有一定的耐病性，掖单13号、掖单21号及西玉3号等抗性差。

（2）农业防治措施

①调整作物和品种生产布局，压缩麦田套种玉米面积；②利用灰飞虱不能在双子叶植物上生存的弱点，在玉米田周围种植大豆、棉花等作为保护带，拒灰飞虱于玉米田以外；③适当调整播种期，使玉米幼苗感病期避开第一代灰飞虱成虫盛期；拔除病株、清除杂草、加强肥水管理等。

（3）药剂防治

①在传毒灰飞虱迁入玉米田的始期和盛期，及时喷洒10%吡虫啉可湿性粉剂2000倍液。

②在病害重发区，一是可于玉米播种前或出苗前在相邻的麦田和田边杂草地喷施杀虫剂，如亩用10%吡虫啉10克/亩喷雾，能有效控制灰飞虱的数量。二是若玉米已经播种或播后发现田边杂草中有较多灰飞虱以及春播玉米和夏播玉米都有种植的地区，建议在苗期进行喷药治虫，以10%吡虫啉450克/公顷+每隔7天1次，连续用药2~3次。三是：采用内吸性杀虫剂拌种或包衣，如100千克玉米种子用10%吡虫啉125~150克拌种，或用锐胜（噻虫嗪）100克/100公斤种子拌种，对灰飞虱的防治效果可达1个月以上，从而达到控制其传播玉米粗缩病病毒的目的。

第五章　玉米虫害

第一节　地下害虫

一、蛴螬

1.蛴螬发生特点如何?

蛴螬是鞘翅目、金龟甲总科幼虫的统称,别名有白土蚕、白地蚕、壮地虫和地漏子等。蛴螬按其食性可分为植食性、粪食性、腐食性三类。为害玉米等农作物的蛴螬主要以鳃金龟科和丽金龟科的种类为主。蛴螬在全国各玉米种植区均有分布,是地下害虫中分布最广、为害严重的一大类群。

2.怎样识别蛴螬?

蛴螬,个体有大有小,但体型都弯曲呈C形,体色为白色至黄白色。头部褐色、黄褐色至红褐色,上颚显著,腹部肿胀。体壁较柔软多皱,体表疏生细毛。头大而圆,生有左右对称的刚毛,刚毛数量的多少常为区分种类的特征,如华北大黑鳃金龟的幼虫为3对,黄褐丽金龟幼虫为5对。蛴螬具胸足3对,一般后足较长。腹部10节,第10节称为臀节,臀节的腹面生有刺毛,其数目的多少和排列方式也是区

分不同种类的重要特征。

3.蛴螬的为害症状特点是什么？

蛴螬终生栖居地下，食性广泛，植食性蛴螬可为害多种农作物、经济作物和花卉苗木。蛴螬喜食刚萌发的种子、根、块根、块茎及幼苗根颈，通常导致植株生长缓慢，发育不良，甚至萎蔫死亡，严重时造成缺苗断垄。蛴螬为害后的作物幼株极易拔出、咬食后的断根处呈平切状，其造成的伤口，有利于病原菌的侵入和扩展，常诱发根颈部腐烂或其他病害。

4.蛴螬的生活习性如何？

蛴螬每年的发生代数因不同种类和不同地域而不同。这是一类生活史较长的害虫，一般1年发生1代或2~3年发生1代，长者5~6年发生1代。蛴螬共3龄，1~2龄期较短，第3龄期最长。蛴螬始终在地下活动，与土壤的理化特性和温湿度关系密切。春季当10厘米土温达5℃时开始上升土表，13℃~18℃时活动最盛，23℃以上则往深土中移动，至秋季土温下降到其活动适宜范围时，再移向土壤上层。因此，蛴螬对农作物的为害主要以春、秋两季最重。

5.怎样防治蛴螬为害？

蛴螬种类多，发生和为害时期不一致，只有在普遍掌握虫情的基础上，根据蛴螬幼虫和成虫的种类，密度及作物播种方式等前提下，因地制宜，采取相应的综合防治措施，才能收到良好的防治效果。主要有：

（1）农业防治措施

①合理安排轮作倒茬：适当调整茬口可明显减轻为害；②合理施肥：施用的农家肥应充分腐熟，以免将幼虫和卵带入玉米田块；施用碳酸氢铵、腐殖酸铵、氨水、氨化磷酸钙等化肥，对蛴螬具有一定的驱避作用；③秋收深翻深耕：秋耕可将部分成、幼虫翻至地表，使其风干、冻死或被天敌捕食、机械杀伤；④人工捕捉幼虫：施农家肥前应筛出其中的幼虫；在被害植株下可挖出土中的幼虫，杀灭；利用成虫的假死性，进行捕捉和捕杀。

（2）药剂防治

播种前用细土拌5%毒·辛颗粒1~2袋后撒施于田间或用40%辛硫磷乳油250毫升/100千克种子拌种、40%辛硫磷乳油1000倍液进行灌根处理，可有效减轻虫害。

二、金针虫

1.金针虫的发生为害特点是什么？

金针虫是鞘翅目、叩甲科幼虫的统称。为害玉米等农作物的金针虫种类主要主要有沟金针虫、细胸金针虫和褐纹金针虫。沟金针虫主要分布区域北起辽宁，南至长江沿岸，西到陕西、青海，旱作区的粉沙壤土和粉沙黏壤土地带发生较重；细胸金针虫从东北北部到淮河流域以及西北等地均有发生，但以水浇地、潮湿低洼地和黏土地带发生较重；褐纹金针虫主要分布于西北和华北。

为害农作物的金针虫主要发生于旱作田块、水浇地也有分布，咬食播下萌发的种子，幼苗长大后为害分蘖节、根、茎等成纤维状，也可钻入茎内、大粒种子或马铃薯块茎内，造成缺苗、减产和降低农作物品质。

金针虫对玉米的为害主要是钻入播下的种子，咬食胚乳，使玉米种子仅留下空壳而不能发芽；同时为害玉米幼苗的须根、主根和根茎节，使幼苗枯死，造成缺苗断垄。

2.怎样识别金针虫？

金针虫俗称钢丝虫、芨芨虫，一般体形细长或扁平、圆筒形，体表坚硬；体色金黄或茶褐色，并有光泽，故名"金针虫"。一般体长25~30毫米，体宽1.3~2.0毫米。尾节有的分叉，有的呈圆锥形。

3.金针虫的生活习性是什么,如何防治?

金针虫的生活史较长,因不同种类而不同,常需2~4年才能完成一代。各代以幼虫或成虫在地下越冬,越冬深度约在20~85厘米间。金针虫的活动,与土壤温度、湿度、寄主植物的生育时期等有密切关系,如沟金针虫当春季10厘米土温为10℃左右时开始活动、为害,15℃左右时为害最重;当10厘米土温上升至20℃以上时,则又下潜至15厘米以下的深层栖息、越夏,秋季又升到土表层活动为害。金针虫最喜食的作物是小麦和玉米,其上升表土为害的时间,与春玉米的播种至幼苗期相吻合。

4.如何防治金针虫?

金针虫的防治方法同蛴螬。

三、蝼蛄

1.蝼蛄在我国的发生情况如何?

蝼蛄俗称拉拉蛄、地拉蛄、土狗子、地狗子等,属直翅目,蝼蛄科。在我国分布有华北蝼蛄、东方蝼蛄、台湾蝼蛄和普通蝼蛄。其中为害玉米等农作物和蔬菜的主要是华北蝼蛄和东方蝼蛄两种。华北蝼蛄又称单刺蝼蛄,主要分布在黄河流域以北的北方地区;东方蝼蛄在我国各地广泛分布,南方为害较北方重。甘肃中部和河西地区的发生量大于陇东地区。

2.怎样识别蝼蛄?

蝼蛄体长圆形,淡黄褐色或暗褐色,全身密被短小软毛。华北蝼蛄成虫体长36~55毫米,东方蝼蛄约30~35毫米,一般雌虫体长略大于雄虫。头圆锥形,触角丝状,长度可达前胸的后缘,复眼1对,单眼3个,咀嚼式口器发达。前翅革质,较短,黄褐色,仅达腹部中央,略呈三角形;后翅大,膜质透明,淡黄色,翅脉网状,静止时蜷缩折叠如尾状,超出腹部。足3对,前足特

别发达而形成开掘足,适于挖掘洞穴隧道之用。后足在胫节背侧内缘有3~4个能活动的刺或消失。腹部纺锤形,背面棕褐色,腹面黄褐色,最末节上生尾毛2根,伸出体外。

3.怎样识别蝼蛄为害症状?

蝼蛄为多食性害虫,喜食刚播下的种子和幼芽,在土中咬断幼苗的根颈,使受害根部呈乱麻状,造成植株萎蔫或枯死。另外,蝼蛄在地表土层活动时会形成许多隧道,使幼苗与土壤分离,造成幼苗因失水干枯致死,缺苗断垄,导致玉米大幅度减产。

4.蝼蛄的生活习性如何?

蝼蛄在北方地区2年发生1代,在南方1年1代,以成虫或若虫在地下越冬。清明后上升到地表活动,在洞口可顶起一小虚土堆。5月上旬至6月中旬是蝼蛄最活跃的时期,也是春季为害的高峰期,6月下旬至8月下旬,天气炎热,转入地下活动,6—7月为产卵盛期。9月份气温下降,再次上升到地表,形成第二次的秋季为害高峰,10月中旬以后,陆续钻入深层土中越冬。蝼蛄昼伏夜出,以夜间21—23时活动最盛,特别在气温高、湿度大、闷热的夜晚,大量出土活动。早春或晚秋因气候凉爽,仅在表土层活动,不到地面上,在炎热的中午常潜至深土层。蝼蛄具趋光性,并对香甜物质,如半熟的谷子、炒香的豆饼、麦麸以及马粪等有机肥,具有强烈趋性。成、若虫均喜松软潮湿的壤土或沙壤土,20厘米表土层含水量20%以上最适宜,小于15%时活动减弱。当气温在12.5℃~19.8℃,20厘米土温为15.2℃~19.9℃时,对蝼蛄最适宜,温度过高或过低时,则潜入深层土中。

5.怎样防治蝼蛄?

(1)农业防治措施

①秋收后深翻土壤、精耕细作造成不利于蝼蛄生存的环境,破坏蝼蛄的产卵场所,减轻为害;②秋收后进行冬灌,使向深层迁移的蝼蛄上移,在结冻前深翻,使蝼蛄分布在地表而冻死;

(2)药剂防治

播种前用50%辛硫磷乳油以种子重量的0.2%~0.3%拌种;3龄以下幼虫用40%辛硫磷乳油1000倍液茎叶喷雾或灌根;50%辛硫磷乳油30~50倍液

加炒香的麦麸、米糠、豆饼、棉籽等5千克进行诱杀，每亩使用毒饵量为1.5~3千克，傍晚时撒于玉米行间。

四、地老虎

1.地老虎发生特点如何？

地老虎俗称土蚕、黑地蚕、切根虫、夜盗虫等，属鳞翅目，夜蛾科。地老虎是我国主要的地下害虫，也是世界性害虫。地老虎种类多、分布广、为害重。在我国常见的种类主要有小地老虎、黄地老虎和大地老虎，其中小地老虎分布最广，全国各地普遍发生；黄地老虎主要在北方地区发生严重；大地老虎仅在长江流域地区为害严重。

2.怎样识别地老虎？

小地老虎幼虫圆筒形，老熟幼虫体长37~47毫米，头部褐色，体灰褐至暗褐色，表皮粗糙、密生大小不一而彼此分离的颗粒，背线、亚背线及气门线均黑褐色；前胸背板暗褐色，黄褐色臀板上具两条明显的深褐色纵带；腹部1~8节背面各节上均有4个黑色毛片，后两个比前两个大1倍以上；胸足与腹足黄褐色。

黄地老虎老熟幼虫体长33~45毫米，头部黑褐色，体表颗粒不明显，有光泽，多皱纹，臀板中央有两大黄褐色斑纹，中央断开，有较分散的小黑点。

大地老虎老熟幼虫体长41~61毫米，体黄褐色，体表多皱纹，颗粒微小不显。腹部第一至第八节背面的4个毛片，前两个和后两个大小几乎相同；臀板为深褐色的一整块，密布龟裂状的皱纹。

3.怎样识别地老虎为害症状？

地老虎食性极杂，就北方地区而言，主要为害玉米、高粱、棉花、烟草、马铃薯和各种蔬菜。其在玉米上的为害症状是：幼虫咬食玉米叶片呈小孔或缺刻状；为害玉米生长点或从根颈处取食幼嫩茎，造成萎蔫苗和空心苗；大龄幼虫则咬断幼苗根颈,造成缺苗断垄,给玉米生产造成严重损失。

4.地老虎的生活习性如何?

大地老虎1年发生1代,以3~6龄幼虫在土表或草丛潜伏越冬,越冬幼虫在4月份开始活动为害,6月中下旬老熟幼虫在土壤3~5厘米深处筑土室越夏,越夏幼虫对高温有较高的抵抗力,但由于土壤湿度过干或过湿或土壤结构受耕作等生产活动田间操作所破坏,越夏幼虫死亡率很高;越夏幼虫至8月下旬化蛹,9月中下旬羽化为成虫,每雌产卵量648~1486粒,卵散产于土表或生长幼嫩的杂草茎叶上,幼虫孵出后,常在草丛间取食叶片,越冬幼虫抗低温能力较强,在−14℃情况下很少死亡。

小地老虎1年发生2~7代,老熟幼虫或蛹在土内越冬。早春3月上旬成虫开始出现,一般在3月中、下旬和4月上、中旬会出现两个发蛾盛期。成虫白天不活动,傍晚至前半夜活动最盛,喜欢吃酸、甜、酒味的发酵物和各种花蜜,并有趋光性,幼虫共分6龄,1、2龄幼虫先躲伏在杂草或植株的心叶里,昼夜取食,但食量很小,为害也不十分显著;3龄后白天躲到表土下,夜间出来为害;5、6龄幼虫食量大增,为暴食期,每条幼虫一夜能咬食幼苗4~5株。

小地老虎喜温暖潮湿的环境条件。地势低洼、土壤黏重和杂草丛生的地块为害严重。

黄地老虎在甘肃河西地区1年发生2~3代。以老熟幼虫在土壤中越冬,越冬场所为麦田、绿肥、草地、菜地、休闲地、田埂以及沟渠堤坡附近。一般田埂密度大于田中,向阳面田埂大于向阴面。3—4月间气温回升,越冬幼虫开始化蛹,4—5月为化蛾盛期,蛹期20~30天。第一代幼虫出现于5月中旬至6月上旬,第二代幼虫出现于7月中旬至8月中旬,越冬代幼虫出现于8月下旬至翌年4月下旬。

5.怎样防治地老虎?

防治地老虎的最佳时期在1~3龄,因为此段时间地老虎幼虫对药剂的抗性较差,且在玉米植株表面或幼嫩部位取食,防效较好。

(1)农业防治措施

①及时清除田间地头杂草,防止地老虎在杂草上产卵;②利用黑光灯、糖醋液等诱杀成虫;③清晨拨开玉米萎蔫苗和空心苗周围土壤,人工捕捉地老虎的大龄幼虫。

(2)药剂防治

播种前用细土拌5%毒·辛颗粒1~2袋后撒施于田间或用50%辛硫磷乳油以种子重量的0.2%~0.3%拌种;3龄以下幼虫用40%辛硫磷乳油1000倍液茎叶喷雾或灌根;50%辛硫磷乳油每亩50克,加炒香的麦麸、米糠、豆饼、棉籽等5千克傍晚进行诱杀。

第二节　地上害虫

一、玉米螟

1.玉米螟发生特点如何?

玉米螟也称玉米钻心虫,属鳞翅目,螟蛾科。在世界各地均有分布,亚洲玉米螟为我国优势种,以幼虫为害玉米。尤以北方春玉米和黄淮平原春、夏玉米区最重,一般年份可造成减产10%~30%,重灾年份损失超过30%,严重影响其经济效益和食用价值。甘肃主要分布在东南部,以陇南地区受害最重。

2.怎样识别玉米螟?

亚洲玉米螟成虫:褐色,雄蛾体长10~13毫米,翅展20~30毫米,体背黄褐色,腹末较瘦尖。触角丝状,灰褐色,前翅黄褐色,有两条褐色波状横纹,两纹之间有两条黄褐色短纹,后翅灰褐色;雌蛾形态与雄蛾相似,色较浅,前翅鲜黄,线纹浅褐色,后翅淡黄褐色,腹部较肥胖。

卵：扁平椭圆形，数粒至数十粒组成卵块，呈鱼鳞状排列，初为乳白色，渐变为黄白色，孵化前卵的一部分为黑褐色，为幼虫头部，称黑头期。

幼虫：共5龄，老熟幼虫体长25毫米左右，圆筒形，头深黑色，体污白色，背部略带浅褐色或浅黄色，有3条纵向背线。胸部第二、三节各有4个毛瘤，腹部第1节至第八节背面各有两排毛瘤，前排4个，后排2个，第九腹节有毛瘤3个。

蛹：长15~18毫米，黄褐色，长纺锤形，尾端有刺毛5~8根。

3.怎样识别玉米螟为害症状？

在玉米心叶期，初孵幼虫大多爬入心叶内，群聚取食心叶叶肉，留下白色薄膜状表皮，呈花叶状；2、3龄幼虫在心叶内潜藏为害，心叶展开后，出现整齐的排孔；4龄以后陆续蛀入茎秆或天花、雌穗中继续为害。蛀孔口常堆有大量粪屑，茎秆遇风易从蛀孔处折断。由于茎秆等处组织遭受破坏，影响养分输送，玉米易早衰减产。

4.玉米螟的生活习性如何?

玉米螟在我国自北向南一年发生1~7代,温度高、海拔低,发生代数较多。甘肃一年发生2代,以老熟幼虫在玉米的茎秆、穗轴内或根颈中越冬,次年4—5月化蛹,蛹经过10天左右羽化。成虫夜间活动,飞翔力强,有趋光性,寿命5~10天,喜欢在离地50厘米以上、生长较茂盛的玉米叶背面中脉两侧产卵,一个雌蛾可产卵350~700粒,卵期3~5天。幼虫孵出后,先聚集在一起,然后在植株幼嫩部分爬行,开始为害。初孵幼虫,能吐丝下垂,借风力飘迁邻株,形成转株为害。3龄前幼虫主要集中在幼嫩心叶、雄穗、苞叶和花丝上活动取食,4龄以后钻入茎秆和果穗、雌雄穗柄。

玉米螟的发生消长受虫口基数、气候、天敌、栽培制度和品种等因素的制约,特别是雨量和温度影响最大。玉米螟适于在中温高湿条件下发育,各虫态生长发育的适温为16℃~30℃,相对湿度在60%以上,卵孵化的相对湿度在90%为最适宜。玉米螟的生活习性决定了甘肃玉米的受害情况是,川地玉米重于山旱地,6—9月雨量充沛的年份虫害发生严重。

5.怎样防治亚洲玉米螟?

(1)种植抗虫品种

抗虫杂交种:邢抗2号、邢抗6号、沈试31、丹玉2151、东单16、东单60、连玉19、丹玉46、海禾10、沈试29。

甘肃省农业科学院植物保护研究所在田间自然感螟条件下,调查发现五彩天甜、PT10、吉祥1号、金源早247、天鲜1号、陇单10号、818、酒甜1号、垦玉2号、富早116、富早118、金518、CN8706、平玉8号、星糯656、兴达糯1

号、敦甜2号、金镶玉、天玉07175、平糯1号、DH3721、8111、东单818等杂交种比较抗螟。大玉米、二虎头、大金顶、晋阳大黄、新民黄顶子、金顶子、杏核苞米、红粮粘、火苞米、二代快、小粒红、英粒子、糯米劲头等农家种资源也表现抗玉米螟。

(2)农业防治措施

①秋收后及时处理秸秆,减少越冬幼虫,春季化蛹;②在成虫发生期,采用黑光灯或性引诱剂,诱杀成虫,减轻下代玉米螟为害。

(3)化学药剂防治:1.5%辛硫磷颗粒剂以1:15比例与细煤渣拌匀后于玉米大喇叭口期撒入喇叭口内或玉米螟发生初期,40%氯虫·噻虫嗪水分散粒剂60~72克/公顷,或5%甲维盐乳油8~12毫升/亩喷雾。

(4)生物防治:在玉米螟卵孵化阶段,田间喷施Bt可湿性粉剂200倍液进行防治,对玉米螟具有很好的控制效果。有条件的地方,还可以在玉米螟产卵期,人工释放赤眼蜂,能有效控制玉米螟的为害。

二、棉铃虫

1.棉铃虫发生与为害情况如何?

棉铃虫又叫钻心虫、棉桃虫、辣椒虫等,属鳞翅目、夜蛾科。寄主植物有20多科200余种。广泛分布在中国及世界各地,在华北、新疆、西南等棉区为害较重。棉花并非是棉铃虫的最嗜食寄主,只是由于棉花的现蕾、开花、结铃期比一般农作物长,所以在棉铃虫的后几个世代中,棉花被害的机会就多。棉铃虫在国内广大分布区内最主要的寄主是玉米、小麦、棉花及各种茄果类蔬菜等,因此,该虫也是中国玉米产区的主要害虫,特别是近年在我国河西走廊玉米产区为害十分猖獗。

2.怎样识别棉铃虫?

棉铃虫成虫体长14~18毫米,翅展30~38毫米,灰褐色。前翅具褐色环纹及肾形纹,肾纹前方的前缘脉上有二褐纹,肾纹外侧为褐色宽横带,端区各脉间有黑点,后翅黄白色或淡褐色,端区褐色或黑色。

幼虫体色变异较大,由淡绿至黑紫色,以绿色及红褐色为主。老熟幼虫

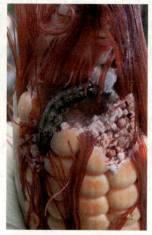

体长40~50毫米,头黄褐色,背线明显,呈深色纵线,气门白色。气门上方有一褐色纵带,是由尖锐微刺排列而成。腹部第1、2、5节各有2个毛突特别明显,第5至第7节的背面和腹面有7~8排半圆形刻点。

3.怎样识别棉铃虫为害症状?

棉铃虫幼虫取食玉米叶片,自叶缘向内取食,呈孔洞或呈缺刻状,严重时仅剩主脉和叶柄或咬断玉米心叶,造成枯心。叶片上为害造成的虫孔和玉米螟为害极为相似,但孔粗大,边缘不整齐,常见粒状粪便。幼虫可转株为害,为害果穗取食嫩粒,除造成直接产量损失外,还加重玉米穗腐病的发生。

4.棉铃虫的生活习性如何?

棉铃虫发生代数因气候条件及地区而异,在甘肃一般1年发生3~4代,以蛹在4~7厘米的土层中越冬。越冬蛹于翌年6月中旬开始羽化,6月下旬至7月上旬为羽化高峰期;第一代幼虫始期6月下旬,盛期在7月中旬,成虫在7月下旬出现;第二代幼虫始期为7月下旬末,盛期为8月中旬;第三代幼虫始期8月下旬,盛期9月中旬,9月下旬老熟幼虫入土化蛹越冬。第一代主要为害小麦、辣椒、豌豆、苜蓿等早春作物,第二、三代为害玉米、棉花和番茄。各代历期30~40天。对玉米主要发生在6月下旬至7月,为害玉米心叶,8月下旬至9月上旬为害玉米果穗。成虫对黑光灯趋性强,卵主要散产在雌

穗上,尤以花丝上的卵量最多。

5.怎样防治棉铃虫?

(1)农业防治措施

①安放频振式杀虫灯或悬挂棉铃虫性引诱剂;②于玉米果穗花丝已授粉变红开始萎蔫时,人工剪除玉米果穗顶部苞叶空尖及花丝;③成虫高峰期喷施磷酸二氢钾有驱避成虫产卵的作用。

(2)生物药剂防治

3龄前叶面喷洒0.3%印楝素乳油300毫升/公顷或用苏云金杆菌可湿性粉剂或BT乳剂500~800倍液喷雾。

(3)化学药剂防治

苗期棉铃虫防治的最佳时期在棉铃虫3龄期,3龄前叶面喷洒40%氯虫·嗪水分散粒剂60~72克/公顷,成5%甲维盐乳油120~180毫升/公顷,或6月下旬在玉米心叶中撒施杀虫颗粒剂,药剂及使用方法同玉米螟。

三、黏虫

1.黏虫的发生情况和为害症状是什么?

黏虫又名粟夜盗虫、行军虫、麦蚕等,属鳞翅目,夜蛾科,是禾谷类作物的重要害虫。国内除新疆、西藏外,其他各省区均有发生。甘肃以黄河、渭河、泾河、洮河、大夏河等流域沿岸的川水区发生严重。

黏虫食性极杂,寄主植物达17科以上,但最喜食禾本科植物,主要为害小麦、谷子、玉米、高粱、燕麦、水稻等农作物。野生寄主以狗尾草、蟋蟀草、画眉草、马唐等禾本科杂草为主。幼虫为害作物时，1、2龄多潜入心叶取食叶肉，使叶面呈现枯黄色斑痕；3龄以后由叶片边缘咬食，把叶片吃成大小不等的缺口，龄期较大的幼虫除为害叶部外，还为害茎、穗，严重时全部叶片被食一空，形成光秆，造成严重减产，甚至绝收。因其群聚性、迁飞性、杂食性、暴食性而成为重要农业害虫。

2.怎样识别黏虫？

成虫：体长15~17毫米，翅展36~40毫米；触角丝状。头部及胸部灰褐色，腹部暗褐色；前翅灰黄褐色、黄色或橙色，变化很多；翅面上有褐黄色环纹与肾纹，肾纹后端有一个白点，其两侧各有一个黑点；外缘有7个小黑点；顶角有一黑纹，自翅尖向后缘斜伸至翅中央处消失。后翅暗褐色，基部色渐淡。

卵：馒头形，长约0.5毫米，有光泽，黄褐色，孵化前变成黑色；卵粒排列成行或重叠起来成块状。

幼虫：共6龄，老熟幼虫体长38毫米，头黄褐色，胸腹部圆筒形，体背有5条纵线，背中线白色较细，两侧各有两条黄褐色至黑色，上下镶有灰白色细线的宽带；腹部10节，3~6节各有腹足1对；幼虫体色常因食料、环境和幼虫密度不同而有变化。

蛹：红褐色，长约19毫米；腹部5、6、7节背面近前缘各有一列齿状点刻；

臀棘上有刺4根,中央2根粗大,两侧的细短刺略弯。

3.黏虫的生活习性如何?

黏虫为远距离迁飞性害虫,在甘肃境内除陇南文县、武都河谷地带外,其余地区都不能越冬,初始虫源由外地迁入。

黏虫在甘肃各地的发生代数和生活史不尽相同。陇南地区年发生3~4代,越冬代成虫3月迁入,3月下旬开始产卵,4月中旬孵化,4—5月1代幼虫为害冬麦,6月中下旬羽化出少量的本地1代成虫,而大量的1代成虫仍由外地迁入;2代幼虫6月下至7月上旬为害小麦、玉米、高粱,以夏玉米受害最重。7月下至8月上旬第2代成虫羽化并大部分迁出,小部分在本地繁殖为害。

甘肃陇东及中部地区年发生2~3代,6月中旬出现第1代外源成虫的迁入高峰期,以2代幼虫在6月下至7月中、下旬为害春小麦、玉米、谷子等作物,其中泾河流域2代幼虫偶发为害,而在中部沿黄河、渭河、洮河、大夏河流域的沿川区常年发生较重。

河西及甘南年发生1~2代,2代幼虫于7月中旬至8月上旬为害小麦、谷子、糜子、大麦、青稞等作物。

成虫昼伏夜出,有趋光性和趋化性。成虫喜在植株的枯叶或绿叶尖端的折缝处产卵,卵呈块状。初孵幼虫有群集性,1、2龄幼虫多在麦株基部叶背或分蘖叶背光处为害,3龄后食量大增,5~6龄进入暴食阶段,其食量占整个幼虫期90%左右。3龄后的幼虫白天潜伏在麦根处土缝中,傍晚后在植株上为害,食料缺乏时,常成群迁移到附近地块继续为害。幼虫老熟后,入土筑室化蛹。

黏虫属中温喜湿性害虫,其适宜温度为10℃~25℃,相对湿度为85%。产卵适温为19℃~22℃,相对湿度为90%左右。成虫喜在茂密的田块产卵,因此长势好的密植田及多肥、灌溉好的田块,有利于该虫的发生。

4.怎样防治黏虫为害?

(1)防治成虫,降低产卵量。

①草把诱杀:利用成虫在禾谷类作物的产卵习性,在麦田插谷草把或稻草把诱其产卵,每亩60~100个,3~5天更换一次,换下的草把集中烧毁;②用

糖醋盆、黑光灯、振频式杀虫灯等诱杀成虫,以压低虫口密度;③每亩悬挂一个黏虫性诱芯诱捕器,诱杀产卵成虫。

（2）防治幼虫,减轻为害。

在黏虫2~3龄幼虫的高峰期,当每平方米麦田有幼虫15头或百株玉米虫口达30头左右时进行防治。可用50%辛硫磷乳油1500倍液或5%甲维盐乳油120~180毫升/公顷进行防治。

（3）建封锁带,防止转移。

在小麦收后,黏虫幼虫迁向玉米田为害时,可在其转移的道路上挖深沟,阻止其继续迁移;或者撒15厘米宽的药带进行封锁;或者在小麦、玉米田撒施辛硫磷毒土,建立隔离带。

四、蚜虫

1.蚜虫的发生情况和为害症状如何?

蚜虫俗称腻虫、蜜虫等,属同翅目,蚜科。在全国各玉米产区均有分布。为害玉米的主要有玉米蚜、禾谷缢管蚜和麦长管蚜、麦二叉蚜等,以玉米蚜发生最为严重。

玉米蚜等在玉米苗期群集在心叶内,刺吸为害。随着植株生长,成、若蚜群集于叶片背面、心叶、花丝和雄穗取食,发生在雄穗上会影响授粉并导致减产;被害严重的植株果穗瘦小,籽粒不饱满,秃尖较长。蚜虫能分泌"蜜露",覆盖叶面上的蜜露影响光合作用,易引起霉菌寄生形成黑色霉状物。被害植株长势衰弱,叶片边缘发黄,发育不良,产量下降。此外,蚜虫还能传播玉米矮花叶病毒和大麦黄矮病毒,引发玉米罹患病毒病造成更大的产量损失。

2.怎样识别蚜虫?

无翅孤雌蚜体长卵形,长1.8~2.2mm,虫体深绿色,披薄白粉,附肢

黑色,复眼红褐色。腹部第7节毛片黑色,第8节具背中横带,体表有网纹。触角、喙、足、腹管、尾片黑色。触角6节,长短于体长1/3。喙粗短,不达中足基节,端节为基宽1.7倍。腹管长圆筒形,端部收缩,具瓦状纹。尾片圆锥状,具毛4~5根。

有翅孤雌蚜长卵形,体长1.6~1.8mm,头、胸黑色发亮,腹部黄红色至深绿色,腹管前各节有暗色侧斑。触角6节比身体短,长度为体长的1/3,触角、喙、足、腹节间、腹管及尾片黑色。腹部2~4节各具1对大型缘斑,第6、7节上有背中横带,8节中带贯通全节。其他特征与无翅型相似。

3.蚜虫的生活习性如何?

玉米蚜1年10~20代。主要以成虫在小麦和禾本科杂草的心叶里越冬。翌年产生有翅蚜,迁飞至玉米心叶内为害。雄穗抽出后,转移到雄穗上为害。适宜玉米蚜生殖的温度为旬平均温度23℃左右,相对湿度85%左右。此时正值玉米抽雄扬花期,营养条件适宜,玉米蚜主要以孤雌胎生为主,并出现第一个高峰期。玉米收获后,营养条件不利时,产有翅成蚜迁至小麦和禾本科杂草的心叶内越冬。

4.怎样防治蚜虫?

(1)农业防治措施

①清除田间地头杂草,消灭蚜虫滋生地,减少早期虫源;②保护瓢虫、食

蚜蝇、草蛉和寄生蜂等天敌,控制蚜虫数量。

（2）化学药剂防治

用10%吡虫啉可湿性粉剂1000倍液、25%噻虫嗪水分散粉剂6000倍液、进行喷雾灭蚜。或者选用70%噻虫嗪（锐胜）种衣剂进行种子包衣或10%吡虫啉可湿性粉剂拌种,对苗期蚜虫防治效果较好。

五、灰飞虱

1.灰飞虱的发生情况和为害症状如何?

灰飞虱属同翅目,飞虱科,是国内普遍发生的一种害虫,甘肃的陇东、河西、中部和陇南地区均有分布。由于寄主是各种草坪禾草及水稻、麦类、玉米、稗等禾本科植物,而且传播玉米条矮病和玉米粗缩病,所以对农业为害很大。

灰飞虱的成虫、若虫均以口器刺吸玉米植株的汁液,使被害部呈现许多不规则的黄褐色斑点,同时雌虫产卵时刺破玉米茎叶,易招致病菌侵入。但由于玉米不是灰飞虱喜食作物,且虫体小,所以直接为害造成的损失远不如由其传播病毒引起的玉米条矮病和玉米粗缩病所造成的为害大、损失重。近年来,灰飞虱对玉米的为害正成逐步上升的趋势。

2.怎样识别灰飞虱?

成虫有长翅型和短翅型两种。长翅型体长3.5~4.2毫米,短翅型2.1~2.8毫米。浅黄褐色至灰褐色。头顶稍突出,额区具黑色纵沟2条,触角浅黄色。前翅淡灰色,半透明,有翅斑。

若虫:共5龄。1龄若虫体长1.0~1.1毫米,体乳白色至淡黄色,胸部各节背面沿正中有纵行白色部分。2龄体长1.1~1.3毫米,黄白色,胸部各节背面为灰色,正中纵行的白色部分较第1龄明显。3龄体长1.5毫米,灰褐色,胸部各节背面灰色增浓,正中线中央白色部分不明显,前、后翅芽开始呈现。4龄体长1.9~2.1毫米,灰褐色,前翅翅芽达腹部第1节,后胸翅芽达腹部第3节,胸部正中的白色部分消失。5龄体长2.7~3.0毫米,体色灰褐增浓,中胸翅芽达腹部第3节后缘并覆盖后翅,后胸翅芽达腹部第2节,腹部各节分界明显,

腹节间有白色的细环圈。越冬若虫体色较深。

3.灰飞虱的生活习性如何?

甘肃的河西地区,灰飞虱1年3~5代,主要以3~4龄若虫在麦田及禾本科杂草上越冬。翌年春季越冬若虫出蛰,先在杂草嫩芽上为害,再迁入麦田。4月中旬出现越冬代成虫,5月下旬至6月上旬,出现第一代成虫高峰,迁飞到玉米上辗转多代进行为害。9月下旬后,若虫转向地埂,11月上旬后潜伏越冬。灰飞虱喜隐蔽、潮湿的环境,并有趋向生长嫩绿茂密玉米田的习性。

4.怎样防治灰飞虱?

(1)农业防治措施

①清除田边地头杂草,破坏灰飞虱的越冬场所,减少翌年虫源;②避免小麦-玉米间作套种,减少灰飞虱种群数量;③结合间苗定苗,及时拔除玉米条矮病和粗缩病病株。

(2)药剂防治

用10%吡虫啉可湿性粉剂1000~1500倍液等药剂进行喷雾杀虫。或者选用10%吡虫啉可湿性粉剂等拌种或70%噻虫嗪(锐胜)种衣剂包衣对灰飞虱引起的玉米条矮病和粗缩病有较好的防治效果。

六、叶蝉

1.叶蝉发生情况如何?

叶蝉为同翅目、叶蝉科昆虫的通称,为害玉米的叶蝉主要有:大青叶蝉、小绿叶蝉、二点叶蝉等。其中大青叶蝉除西藏不详外,其他各省区均有发生,但以河南、河北、山东、宁夏、甘肃、内蒙古等地发生量较大,为害较严重。小绿叶蝉除青海、西藏、新疆、宁夏不详外,其他各省均有分布。

2.怎样识别叶蝉?

叶蝉,亦称浮尘子,是小型至中型狭长的昆虫。触角着生于两复眼之间,单眼有两个,有的单眼消失,后足的胫节常有一排或两排刺。前翅一般质地较厚,多呈绿色、黄绿色。叶蝉善于跳跃、并有横走的习性。卵长而略弯,形状有些像香蕉,成排的产在被害作物的茎、叶之内。

3.怎样识别叶蝉为害症状?

叶蝉取食寄主包括多种农作物、果树及杂草,以成虫或若虫在玉米茎和叶上,刺吸玉米汁液吸食为害。一般从下部叶片开始逐渐向上蔓延,叶片被害后出现淡色白点,然后点连成片,呈大白斑,严重时叶尖发黄卷曲甚至枯死。

4.叶蝉的生活习性如何?

叶蝉发生代数因其种类而异,通常以成虫或卵越冬,成虫在落叶、杂草上越冬,而越冬卵也产在寄主组织内。翌年春季气温回升后卵陆续开始孵化或活动,若虫取食倾向于原位不动,而成虫则性喜活跃,大多具有趋光习性。

5.怎样防治叶蝉?

(1)农业防治措施

①秋收后及时清除田间地头落叶和杂草,破坏叶蝉的越冬场所,减少越冬虫源;②利用黑光灯诱杀成虫。

（2）药剂防治

在若虫或成虫盛发期,用10%吡虫啉可湿性粉剂1000倍液等药物进行喷雾。

七、玉米耕葵粉蚧

1.怎样识别玉米耕葵粉蚧?

玉米耕葵粉蚧属同翅目、粉蚧科、粉蚧属。分布在辽宁、河北、山东等省,是我国玉米上出现的新害虫。

玉米耕葵粉蚧雌成虫红褐色,触角8节,末节长于其余各节,喙短,足发达,身覆白色蜡粉;雄成虫较小,深褐色,触角10节,前翅白色透明,后翅退化成平衡棒。若虫共2龄,1龄若虫橘黄色,无蜡粉,爬行速度较快;2龄若虫体表出现白色蜡粉,行动迟缓。

2.怎样识别玉米耕葵粉蚧为害症状?

玉米耕葵粉蚧若虫和雌成虫群集于土壤表层玉米幼苗根际周围,刺吸玉米植株汁液,以4~6叶期为害最重,茎基部和根部被害后呈黑褐色,严重时茎基部腐烂,根茎变粗呈畸形,气生根不发达;被害植株细弱矮小,叶片由下而上变黄干枯。后期玉米耕葵粉蚧则群集于穗位以下叶鞘发生为害,严重时叶片出现干枯。

3.玉米耕葵粉蚧的生活习性如何?

玉米耕葵粉蚧以卵在卵囊中附着在田间遗留的玉米病残体上越冬,1年发生3代,第一代在小麦上发生为害,第二代在6月中旬孵化后转向玉米。该虫不喜高温,喜欢在清晨或傍晚活动,聚集在玉米根茎部取食。小麦和玉米套种的田块、免耕田块、管理粗放和杂草丛生的田块发生较为严重。

4.怎样防治玉米耕葵粉蚧?

（1）农业防治措施

①玉米、小麦收获后翻耕灭茬,注

意将根茬携出田外集中烧毁;②及时中耕除草,尤其要注意清除禾本科杂草,可减少寄主,减少虫源;③进行合理轮作,在此虫发生重的地区改种马铃薯、大豆和棉花等非禾本科作物;④加强受害田水肥管理,喷施玉米专用叶面肥或尿素+磷酸二氢钾,及时浇水以提高植株自我恢复能力。

（2）药剂防治

2龄前为防治该虫的最佳时期,2龄后若虫体表覆盖一层蜡粉,耐药性较强,防治效果较差。具体防治方法可选用种子包衣或拌种:用70%噻虫嗪（锐胜）种衣剂直接包衣或用50%辛硫磷乳油拌种。或者选用50%辛硫磷乳油1000倍液、10%吡虫啉可湿性粉剂2000倍液灌根。

八、白星花金龟

1.怎样识别白星花金龟?

白星花金龟属鞘翅目,金龟子科昆虫。全国各地均有分布,不同的种类生活于不同的环境,如沙漠、农地、森林和草地等。可为害玉米、梨、桃、李、葡萄、苹果、柑橘、柳、女贞等多种作物,尤喜食腐烂果实及玉米花丝。

白星花金龟椭圆形,具古铜和青铜色泽,体长18~22毫米,宽11~13毫米。鞘翅表面散布众多不规则白色绒状斑纹,较集中的可分为6团,团间散布小斑。臀板有绒斑6个。腹部腹板有白色毛,分节明显。腹节两侧具条纹状斑点,极为明显。

2.怎样识别白星花金龟为害症状?

白星花金龟为害叶片呈网状孔洞和缺刻,严重时仅剩主脉,群集为害时更为严重。成虫多群集于玉米雌穗上取食花丝和幼嫩的籽粒,造成直接损失;其排出的粪便污染下部叶片和果穗,影响光合作用并加重穗腐病发生;取食花药,影响授粉。

3.白星花金龟的生活习性如何?

白星花金龟一年发生1代,食性杂,以老熟幼虫在土壤或腐殖质和堆肥中越冬。6—8月为成虫盛发期,成虫寿命40~90天,白天活动,飞翔力强,有趋光性和假死性,对酒醋味有趋性,喜食成熟的籽粒及玉米的花丝,于土中

产卵。其幼虫称为"蛴螬",幼虫以背着地,腹面朝上伸缩而行。

4.怎样防治金龟子?

(1)农业防治措施

①种植玉米苞叶比较紧密的品种,能防止金龟子直接取食玉米果穗,造成穗腐;②在玉米果穗相同高度,将糖醋液或腐烂的果实放入细口酒瓶中,诱集杀死金龟子成虫;③在新鲜被害植株下深挖,集中处理幼虫。

(2)药剂防治

在玉米果穗顶部滴50%辛硫磷乳油300倍液1~2滴或50%辛硫磷乳油1000倍液喷雾,可有效防止金龟子为害。

九、双斑长跗萤叶甲

1.双斑长跗萤叶甲发生情况如何?

双斑长跗萤叶甲属鞘翅目,叶甲科,是为害玉米的一种新型害虫,也为害谷子、高粱、大豆、花生、马铃薯等作物,在全国各玉米种植区均有发生并呈加重趋势。

该虫为突发性害虫,具有为害作物种类多、为害期长、繁殖快和群聚性等特点,越是高温干旱天气越容易发生虫害,中午光线强,温度高时活动旺盛,为害严重。

2.怎样识别双斑长跗萤叶甲?

双斑长跗萤叶甲成虫体长3.6~4.8毫米,长卵形,棕褐色,具光泽。复眼大,卵圆形。每个鞘翅基部具1近圆形淡色斑,四周黑色,鞘翅端部黄色。

幼虫体白色至黄白色,体长6~8毫米,11节,头和臀板褐色,前胸背板浅褐色。有三对胸足,体表有刚毛和成对排列的不明显的毛瘤。

3.怎样识别双斑长跗萤叶甲为害症状?

双斑长跗萤叶甲以成虫群聚为害玉米,从植株下部叶片开始,取食叶肉后残留不规则状的白色网状斑和孔洞;还可取食玉米花丝、花药,影响植株授粉;也为害幼嫩的籽粒,将其啃食呈缺刻或孔洞状,同时破碎的籽粒易被其他病原菌侵染,加重穗腐病的发生。

4.双斑长跗萤叶甲的生活习性如何?

双斑长跗萤叶甲1年发生1代,以散产卵在寄主植物根部表层土壤中越冬,翌年5月中下旬孵化,幼虫一直生活在土中,在玉米等作物或杂草根部取食为害。初羽化的成虫在地边杂草上生活,然后迁入玉米田。7月中下旬,为成虫盛发期,一直在玉米上持续为害到9月份。

成虫有群聚性、趋嫩性,高温活跃,白天在玉米叶片和穗部活动,早晚气温低时栖息在玉米叶片背面或土缝内及枯叶下。

5.怎样防治双斑长跗萤叶甲?

(1)农业防治措施

秋耕冬灌,清除田间地头的秸秆和杂草,消灭寄主场所,减少翌年越冬虫源。

(2)药剂防治

在成虫盛发期前,选用1.8%阿维菌素乳油2000倍液或10%吡虫啉可湿性粉剂1000倍液、50%辛硫磷乳油1500倍液进行田间喷雾。

十、蓟马

1.怎样识别蓟马?

蓟马为缨翅目昆虫的统称,为害玉米的蓟马主要有玉米黄呆蓟马、禾蓟马和稻管蓟马等,全国各地都有分布。

蓟马是细长而略扁的小虫子,体微小至小型。体长一般为0.5~2毫米,很少超过7毫米。体色为黄褐、苍白或黑色,有的若虫红色。触角6~8节,端部1~2节呈刺状。口器锉吸式,上颚口针多不对称。通常具两对狭长如带的膜质翅,边缘有很多长而整齐的缨状缘毛。翅脉极少,只有1~2条纵脉,横脉更为少见或完全没有。足跗节端部有可伸缩的端泡。

2.怎样识别蓟马为害症状?

蓟马对玉米苗期为害较大,玉米黄呆蓟马主要为害叶背致叶背面呈现断续的银白色条斑并伴随有小污点,叶正面与银白色相对应的部分呈现黄色条斑。受害严重的植株心叶卷曲畸形,呈马尾状,不易抽出,被害部易被细菌侵染,导致细菌性顶腐病;叶背如涂一层银粉,端半部变黄枯干,甚至毁种。而稻管蓟马则喜食玉米开花的雄穗。

3.蓟马的生活习性如何?

蓟马一年发生1~10代。在禾本科杂草根基部和枯叶内以成虫越冬,次

年5月中、下旬迁到玉米上为害。蓟马一般为两性生殖,也有许多种类行孤雌生殖,多为卵生,也有的行胎生。卵极细小,产在缝隙间或寄生植物的组织内。若虫一般有4龄,体形、习性与成虫相似。成虫的趋光性和趋蓝性强,喜在幼嫩部位取食。春播和早夏播玉米田均发生严重。

4.怎样防治蓟马?

(1)农业防治措施

①清除田边地头杂草,破坏蓟马的越冬场所,减少越冬虫口基数;②苗期汰除有虫株,带出田外沤肥或深埋,可减少虫源;③剖开扭曲玉米心叶顶端,人工辅助使其心叶抽出;④苗期可利用其趋蓝性,用蓝板诱杀成虫;⑤增加灌溉调节田间小气候为主,可压低虫口基数。

(2)药剂防治

用10%吡虫啉可湿性粉剂或1.8%阿维菌素乳油、25%噻虫嗪水分散粒剂3000~4000倍液均匀喷雾,喷雾重点为心叶和叶片背面。

十一、瑞典麦秆蝇

1.瑞典麦秆蝇的发生情况如何?

麦秆蝇属双翅目,黄潜蝇科。在内蒙古、华北及西北春麦区分布尤为广泛,在冬麦区分布也较普遍,并在局部地区为害严重。麦秆蝇主要为害小麦,也为害玉米、大麦、黑麦以及一些禾本科和莎草科的杂草。自1992年在甘肃天水发现瑞典麦秆蝇为害春玉米以来,其发生范围和为害程度呈扩大和加重趋势。

2.怎样识别瑞典麦秆蝇?

成虫体长1.5~2毫米,黑色有光泽,平衡棍黄色,腿节黑色,胫节和跗节棕黄色,后足胫节中部黑色。卵白色,长椭圆形,长约0.5毫米。幼虫黄白色,蛆状,长约4.5毫米,末端有两个短小突起,上有气孔。蛹长约3毫米,棕褐色。

3.怎样识别瑞典麦秆蝇为害症状?

瑞典麦秆蝇以幼虫钻入玉米幼苗的嫩心食害生长锥,造成枯心苗或畸形株,受害植株绝大多数不能结穗。受害后玉米植株变粗,并普遍表现出程度不同的卷曲;有的叶片还出现皱缩,大多数受害叶片被枯液黏着而不能展开;绝大部分主茎心叶停止生长并枯死,但因下部组织仍继续生长,便产生3~5个分蘖株,形成"环状株",有

的叶片上还出现不规则的纵裂孔或白条斑痕;有些受害株心叶虽能展开,但边缘残缺,并在靠近叶尖处出现长短不齐的黄条,叶片变窄变长,叶色浓绿,植株明显矮化。

4.瑞典麦秆蝇的生活习性如何?

在西北地区一年发生3~4代,以幼虫在冬小麦苗株内越冬。4月中旬开始在麦秆内化蛹,4月底开始羽化为成虫。第一代成虫在冬麦、春麦及玉米上产卵为害,使春麦及玉米主茎不能抽出。卵多产于叶片内侧靠近叶鞘处,第二代在玉米及禾本科杂草上寄生和为害,第三代幼虫10月为害冬麦主茎,造成心叶枯黄或分蘖丛生,并在冬小麦内越冬。

5.怎样防治瑞典麦秆蝇?

(1)种植抗病品种

不同玉米品种对瑞典麦秆蝇的抗虫性存在差异,各地可根据生产中的表现,确定种植品种。

(2)农业防治措施

瑞典麦秆蝇发生较重的地域,建议在当地播期范围内尽量推迟播种,可减轻瑞典麦秆蝇的为害程度。

(3)药剂防治

选用2%灭蝇胺1000倍液或10%吡虫啉3000倍液等喷雾1~2次,即可防治瑞典秆蝇。

十二、叶螨

1.叶螨发生情况如何？

叶螨为蛛形纲，真螨目，叶螨科，螨类的统称，俗称红蜘蛛。为害玉米的主要有：棉叶螨、截形叶螨、朱砂叶螨和二斑叶螨等。叶螨在我国玉米种植区均有发生，对玉米的为害主要发生在华北和西北等地区。叶螨食性很杂，除为害玉米外，也为害高粱、豆类、棉花等作物。当玉米生长期遇高温干旱，田间叶螨繁殖极快，布满植株各部位。由于叶螨的发生阶段正值玉米灌浆期，因此造成严重的产量损失。

2.怎样识别叶螨？

根据甘肃农业大学植物保护李院研究和鉴定，我省武威别种玉米的叶螨种类有：二斑叶螨、截形叶螨和朱砂叶螨。截形叶螨体色深红或锈红色，雌螨体长0.51~0.56毫米，雄螨体长0.41~0.48毫米。朱砂叶螨体色深红或锈红色，雌螨体长0.42~0.53毫米，雄螨体长0.38~0.42毫米。二斑叶螨体色浅黄或黄绿色，雌螨体长0.42~0.51毫米，雄螨体长0.26~0.40毫米。

3.怎样识别叶螨为害症状？

叶螨在玉米上常聚集在叶背主脉两侧取食为害，从下部叶片向中上部叶片蔓延，在其为害处结一疏松的丝网。被害叶片正面初为针尖大小黄白色斑点，可连片成失绿斑块，后期叶片变为黄白色或红褐色枯斑，叶片变薄，枯落，严重时整株枯死，全田出现点片干枯现象，造成减产。叶螨也可为害花丝，造成授粉障碍。

4.叶螨的生活习性如何？

叶螨寄主植物较多，一年发生10~15代，以雌成螨在作物和杂草的根部或土缝、树皮等处越冬。翌年3月下旬开始活动，在杂草上取食、产

卵、繁殖。经1~2代后,于5月下旬转移到玉米田局部为害。以后随着温度的升高,于7月中旬至8月中旬形成为害高峰期。叶螨在玉米植株间通过吐丝垂飘进行水平扩散,在田间呈点片分布。干旱有利于叶螨发生,降雨对其有抑制作用。

5.怎样防治叶螨?

(1)农业防治措施

①秋收后,清洁田间地头杂草和病残体,降低虫源基数;②高温干旱时,要及时灌水,控制虫情发展。

(2)化学药剂防治

在叶螨发生初期,发现玉米叶片出现黄白色小斑点时,可与防蚜相结合,用20%唑螨酯悬浮7~10毫升/亩和10%吡虫啉可湿性粉剂1000~1500倍液进行田间喷雾。

(3)生物防治

用1.8%阿维菌素乳油4000倍液进行喷雾,重点喷施玉米中下部叶片的背面。

十五、蜗牛

1. 什么是蜗牛,怎样识别?

蜗牛俗称水牛、蜒蚰螺,属软体动物门,腹足纲,柄眼目,巴蜗牛科。为害玉米的蜗牛有同型巴蜗牛和灰巴蜗牛,在我国各地均有分布,两者混杂发生。

同型巴蜗牛:贝壳中等大小,壳质厚,呈扁球形,壳高11.5~12.5毫米、宽15~17毫米,有5~6个螺层,壳面呈黄褐色至红褐色,壳口马蹄形。灰巴蜗牛:贝壳中等大小,呈球形,壳质坚固。壳高18~21毫米、宽20~23毫米,有5~6个螺层,壳面呈黄褐色或琥珀色,常分布暗色不规则形斑点。壳口椭圆形。

2. 怎样识别蜗牛为害症状?

蜗牛食性复杂,主要为害豆科、十字花科和茄科蔬菜及粮、棉、果树等多种作物。对玉米的为害是出孵幼螺取食叶片的叶肉,留下表皮,稍大个体则用齿舌将叶、茎刮食成小孔、缺刻或将其吃断,或者沿叶片叶脉取食,呈条状缺失。植株咬伤处易引起病菌侵染,幼苗咬断易造成缺苗。

3. 蜗牛的生活习性如何?

两种蜗牛的生活史与习性相似。每年发生一代,喜欢生活于潮湿的环境,适应性极广。以成螺或幼体在作物秸秆堆下面或根际土壤中越冬或越夏,一年有两次发生为害高峰期,分别在春、夏两季。雨天昼夜活动取食,干旱情况下昼伏夜出,爬行处留下黏液痕迹。一般玉米栽培过密,通风不良,湿度大和管理粗放的田块发生量大。

4. 怎样防治蜗牛?

(1)农业防治措施

在清晨或阴雨天蜗牛在植株上活动时,人工捕捉,集中杀灭。

（2）药剂防治

用6%蜗牛特颗粒剂，或8%灭蜗灵颗粒剂，或10%多聚乙醛颗粒剂每亩1.5~2千克，拌细沙土100千克撒施；也可用80%多聚乙醛可湿性粉剂2000倍液进行喷雾。

第六章　生理性病害

一、遗传性斑点病

1.怎样识别遗传性斑点病?

遗传性斑点病主要为害玉米叶片,在植株叶片上表现大小不一,多为近圆形的黄色斑点,斑点无特异边缘,中央不变色,病斑上无其他真菌寄生,分离不到病原菌。

2.遗传性斑点病是怎样发生的?

遗传性斑点病是由少数遗传基因控制的,属非侵染性遗传病害。

3.怎样防治遗传性斑点病?

避免选用有遗传性斑点病的自交系作为育种亲本材料。

二、顶叶扭曲

1.怎样识别顶叶扭曲?

玉米在大喇叭后期,顶部叶片不能正常展开,紧密地扭曲在一起,容易折断,影响雄穗及时抽出,形成典型的"牛尾巴"状。

2.顶叶扭曲是怎样发生的?

顶叶扭曲是在一定的条件下诱发的遗传异常现象,不同玉米品种差异

比较明显,当前诱发因素不清,可能与温度变异较大以及土壤水分有关。

3.怎样预防和防治顶叶扭曲发生?

避免选用有遗传缺陷的自交系作为育种亲本材料。如发生后影响雄穗抽出,应及时刨开顶叶,以免影响授粉。

三、肥害

1.怎样识别肥害?

施用过量化肥或种类不当时导致玉米植株生理或形态失常,称为肥害。肥害可抑制种子萌发或苗后死亡,残存苗矮化、幼苗叶色变黄,甚至逐步枯死。

2.怎样减少肥害发生?

在土壤墒情良好时,进行播种;平衡施肥,避免种子直接与肥料接触;施用易挥发速效化肥追肥时,要及时覆土,避免化肥与植株接触;发生肥害后,及时大水漫灌或喷施生长调节剂。

四、除草剂损伤

1.怎样识别除草剂损伤症状?

除草剂产生药害主要表现在幼龄植株和植株的分生组织部位,引起根、茎、叶等形态的变化。症状轻者,表现为受害处失绿、出现坏死斑点、局部干枯、叶茎轻微皱缩弯曲、根系发育不良等,为害期短,植株10~15天左右能基本恢复正常,一般不影响产量;症状重者,表现为植株严重畸形、生长点坏死、根系短少老化等,为害期长,导致植株停滞生长、严重矮化、黄化并逐渐枯死,对产量影响较大。

2.药害产生的主要原因是什么?

(1)用药量过大

一般情况下作物都不能完全抵抗除草剂的药害,只能承受一定剂量,超

过选择范围时,作物就易发生药害。

(2)作业不标准

喷雾不均匀、导致植株局部用药量过多,使作物受害。

(3)使用期不当

玉米对除草剂的敏感性,随生育期的变化而不同,残效期长的除草剂还易对下茬作物产生药害,使用烟嘧磺隆等磺酰脲类除草剂,可致使部分品种心叶扭曲畸形、生长停滞、植株粗缩矮化。

(4)混用不当

不同除草剂品种间以及除草剂与杀虫剂、杀菌剂等其他农药混用不当或间隔期短,也易造成药害。

(5)喷雾器性能不佳

多喷头喷雾器喷嘴流量不均匀、喷嘴漏滴现象等,造成局部药量过多引起药害。

3.正确的除草措施是什么?

(1)苗前除草

对生产条件较好的地块,墒情较好,可在苗前用甲草胺+乙草胺+莠去津等复配除草剂。该类除草剂主要以芽吸收,可以有效防除一年生禾本科杂草和阔叶类杂草,封闭除草效果突出,应在杂草出苗前施药;对墒情较差的地块,在苗前选用除草剂时,应尽可能选用根、茎、叶均能吸收,且能杀死较大杂草的除草剂。目前市场上常见的绿麦隆+乙草胺+莠去津等复配除草剂,主要以芽、根和茎叶吸收,可以有效防除一年生禾本科杂草和阔叶类杂草,不仅具有较好的封闭除草效果,而且具有较好的防除杂草幼苗的效果,但施药时要尽可能加大水量,使药剂能喷淋到土表。

(2)生长期除草

一是玉米3~5叶期的田块,可施用苗后茎、叶处理剂,选用烟嘧磺隆或砜嘧磺隆等苗后茎叶处理剂均匀喷施。玉米5叶期以后施药,不可使药液流入玉米喇叭口内,否则易发生药害。二是玉米6~8叶期的田块,对于前期未进行化学除草、墒情较差、田间杂草较少的田块,可在玉米株高50厘米以后,喷施兼有除草和封闭效果的除草剂,既能除去田间已出苗的杂草,又能进行封闭不再出草。可以用烟嘧磺隆加莠去津（清闲）兑水定向喷施。施药时应选择无风天气,定向喷施时注意不能将药液喷施到玉米喇叭口内,否则易发生药害。

五、干旱胁迫

1.怎样识别干旱症状?

干旱初期植株的上部叶片在中午强光下表现卷曲,呈暗绿色,清晨即可恢复正常状态;严重时下部叶片从叶尖或叶缘开始变黄干枯,植株表现矮化,生长发育停滞,甚至整株枯死。

2.如干旱胁迫时,应采取何种补救措施?

当发生干旱胁迫时,应采取浇水施肥或喷施叶面肥和生长调节剂,植株可恢复原来长势。

六、冰雹灾害

1.怎样识别冰雹灾害?

玉米受到冰雹灾害后,叶片破损:幼苗叶片呈斑点状或线状破损、撕裂,破损部位叶片组织坏死、干枯。心叶展开受阻:玉米幼苗顶尖部位未展开,幼叶受损后,由于受损组织死亡,叶片不能正常展开,致使新生叶展开受阻、叶片卷曲皱缩。幼苗淹水窒息死亡:由于冰雹发生时常常伴随大风和暴雨,部分幼苗被冰雹和暴雨击倒,后因水淹而窒息死亡。生长点腐烂:冰雹造成幼苗大部分叶片破损,地上部仅剩部分叶鞘存活,但因雹灾后土壤湿度过大,植株养分缺乏,根系长时间处在缺氧状态,最终导致根系衰亡、靠近根颈部位的生长点腐烂。

2.如遇冰雹灾害时,应采取何种补救措施?

　　苗期受冰雹灾严重时,应及时补种早熟品种,如德美亚3号;心叶受害较轻时,及时追肥或叶面喷施磷酸二氢钾。雹灾过后,可以用72%农用链霉素3000倍液或75%百菌清可湿性粉剂500倍液整株喷雾,以减少细菌或真菌等病原物的侵染。

第七章　农药学基础知识

一、农药有哪些种类?

农药根据用途可分为杀菌剂、杀虫剂、除草剂、杀螨剂、杀线虫剂、杀鼠剂及植物生长调节剂等类型。

根据原料来源可分为无机农药、有机合成农药、植物源农药、微生物农药和昆虫源农药等类型。

根据农药的作用方式分为杀虫剂、杀螨剂、杀菌剂、除草剂、杀鼠剂、植物生长调节剂等类型。

二、农药有哪几种作用方式?

杀菌剂的作用方式分为保护性杀菌剂和内吸性杀菌剂。

1.保护性杀菌剂:指在病原菌侵染前先在寄主表面施用,保护农作物不受病原菌侵染的杀菌剂。防病特点:杀菌剂使用后,在作物表面形成一层透气、透水、透光的致密性保护药膜,这层保护膜能抑制病菌孢子的萌发和入侵,从而达到杀菌防病的效果。

2.内吸性杀菌剂:能通过植物叶、茎、根部吸收进入植物体,在植物体内输导至作用部位的杀菌剂。按药剂的运行方向又分可分为向顶性内吸输导作用和向基性内吸输导作用。防病特点:此类杀菌剂本身或其代谢物可抑制已侵染植株的病原菌生长发育和保护植物免受病原菌重复侵染,在植物发病后施药有治疗作用。

　　杀虫、杀螨剂因药剂的种类而异,其作用方式可分为有胃毒、触杀、内吸、熏蒸、拒食和引诱。

　　①胃毒:药剂通过消化系统,进入昆虫体内而使之中毒或死亡。②触杀:药剂与虫体接触,通过昆虫的体壁或气门,进入体内使之中毒而死亡。③内吸:具有内吸性的农药施到植物或施入土壤中被茎叶或根部吸收而输导至植株的各个部分,害虫吸收有毒的植物汁而引起中毒或死亡。④熏蒸:药剂由液体或固体转化为气体,以气体状态通过害虫呼吸系统进入虫体,使之中毒或死亡。⑤拒食:药剂被害虫取食后,破坏害虫的正常生理功能,消除食欲,不能再取食,最后因饥饿而死。⑥引诱:药剂以微量的气态分子,将害虫引诱于一处而消灭。

三、什么叫原药和辅助剂?

　　一般由农药厂或化工厂制造出来的未经加工的农药产品统称为原药。固体的原药叫原粉,液体的原药叫原油。在加工剂型时能改善农药的理化性状、提高药效、扩大使用范围的物质叫辅助剂。

四、辅助剂有哪几种类型?

　　在农药加工过程中,辅助剂主要有溶剂、乳化剂、润湿剂、黏着剂、填料、增效剂、分散剂、稳定剂等类型:

　　①溶剂:凡能溶解农药原粉或原油的液体物质。②乳化剂:是一种能把与水不混合的油状液体,分散成很小的油球悬浮在水中,成为乳状液体的化学物质。③润湿剂:有降低水表面张力的作用,使农药很快被水润湿并易于润湿固体表面。④黏着剂:为了增加农药对植物、昆虫的黏着性能,在一些农药中加入少量的有黏结性的物质叫黏着剂。⑤填料:农药在加工配制过程中加进一定量的不会使农药分解失效的矿物质,同原药混合帮助其磨制成细粉或使之稀释成符合规格的商品农药。⑥增效剂:能增加药剂的药效,一般增效剂本身并没有毒杀作用。⑦分散剂:能降低分散体系中固体或液

体粒子聚集的物质。在制备乳油和可湿性粉剂时加入分散剂和悬浮剂易于形成分散液和悬浮液,具有保持分散体系相对稳定的功能。⑧稳定剂:农药在贮存过程中,能防止有效成分分解或物理性能变坏的物质。

五、农药的加工剂型有哪些?

农药的加工剂型主要有粉剂、可湿性粉剂、乳油、水剂、浓乳剂、可溶性粉剂、颗粒剂、微颗粒剂、烟剂、片剂、气雾剂和微囊剂等类型。

1. 粉剂:是用原药加入一定量的填料经机械磨碎成粉状的混合物。

2. 可湿性粉剂:用原药加入润湿剂和填料经过机械碾磨或气流粉碎而成的水溶性粉状物。

3. 乳油:原油加入一定量的溶剂和乳化剂,混合均匀制成的单相液体即乳油。

4. 水剂:有一部分农药可溶于水,不需要加入助溶剂,使用时按比例兑水稀释即可。

5. 浓乳剂:由农药原药加入少量乳化剂或分散剂及适量的水制成的高浓度乳剂。该乳剂外观与乳油不同,为不透明的黏稠液体。此剂型可节省一部分溶剂,但不易贮存,使用时加水稀释成乳剂即可。

6. 可溶性粉剂:水溶性农药的原药,加入水溶性填料及少量吸附剂制成的可溶性粉剂,或者用水溶性原药直接加工成粉剂,加水后溶解为水剂,稀释后喷雾使用。

7. 颗粒剂(粒剂):由原药、助剂和载体混合制成的颗粒状制剂,可分为遇水解体和遇水不解体两种。

8. 微颗粒剂:是在颗粒剂基础上发展的新剂型,颗粒大小为60~250目筛,粒径100~300微米之间,兼有颗粒剂和粉剂的优点。

9. 烟剂:由原药加燃料、氧化剂、消燃剂制成的粉状发烟制剂。

10. 片剂:原药、填料和辅助剂制成的片状制剂。水溶性片剂为浸种剂,吸潮分解的片剂为熏蒸剂。

11. 气雾剂:用击倒力强的农药原药及低沸点物质加少量溶剂、增效剂等制成的液体制剂,贮于高压容器内,使用时打开阀门,药液即由容器中喷出,形成很小的微粒,分散在空气中形成雾状。

12.微囊剂:是将农药原药包入某种高分子微囊中的剂型。

六、农药的使用方法有几种?

农药常见的使用方法主要有:喷粉法、喷雾法、微量喷雾法、拌种法、土壤处理、毒饵法、熏蒸法和撒施法等。

①喷粉法:可利用各种喷粉器喷药。②喷雾法:使用喷雾器械。③微量喷雾法:利用人工喷雾机械,在一定压力下,将药液分散成细小的雾点均匀覆盖在害虫及其寄主的表面。④拌种法:是用一定量的农药拌在种子上,再进行播种,可防治地下害虫和苗期害虫。⑤土壤处理:将药剂和细土按一定比例配成毒土撒在播种沟里或撒在地面上并翻入土壤中,用来防治地下害虫和苗期害虫。⑥毒饵法:将药剂与害虫喜欢的取食饲料混合拌匀,撒在田间,引诱害虫取食,起到杀虫作用。⑦熏蒸法:利用在常温下能够产生毒气的药剂在密闭条件下熏杀害虫。⑧撒施法:是将粒剂或毒土由人工直接撒施的一种施药方法。突出优点是施药性强,对天敌安全,对环境污染轻。

参考文献

1.翁凌云.我国玉米生产现状及发展对策分析[J].中国食物与营养,2010,(1):22~25.

2.石洁,王振营,何康来.黄淮海地区夏玉米病虫害发生趋势与原因分析[J].植物保护,2005,31(5):63~65.

3.孙炳剑,雷小天,袁虹霞,等.玉米褐斑病暴发流行原因分析与防治对策[J].河南农业科学,2010,14(5):29~31,67.

4.王富荣,石秀清,石银鹿,等.山西省玉米病害的发生现状及防治对策[J].中国植保导刊,2010,30(2):17~19.

5.李宏.2006年河北保定玉米褐斑病重发生原因分析[J].中国植保导刊,2007,27(7):22~23.

6.李绍伟,李绍生,赵国建,等.2006年豫东地区玉米褐斑病大流行的原因分析及防治对策[J].中国种业,2007(7):46~47.

7.贺字典,余金咏,于泉林,等.玉米褐斑病流行规律及GEM种质资源抗病性鉴定[J].玉米科学,2011,19(3):131~134.

8.李广领,吴艳兵,王建华,等.不同杀菌剂对玉米褐斑病的田间防效试验[J].西北农业学报,2009,18(2):280~282.

9.李俊虎,姜兴印,王燕,等.戊唑醇不同处理方式对夏玉米褐斑病空间分布及产量影响[J].农药,2010,49(7):533~535,542.

10.王晓鸣,石洁,晋齐鸣,李晓,孙世贤.玉米病虫害田间手册-病虫害鉴别与抗性鉴定(2版)[M].中国农业科技出版社,2010.

11.白金铠.杂粮作物病害[M].中国农业出版社,1997.

12.翟晖.玉米鞘腐病病原鉴定与致病机制研究[D].河北农业大学硕士论文,2010.

13.张小利,王晓鸣,何月秋.玉米细菌性叶斑病—上升中的玉米病害[J].植物保护,2009,35(6):114~118.

14. WhiteDG. Compendiμmofcorndiseases[M]. Thirdedition. Minnesota: APSPress,1999.

15.王晓鸣,晋齐鸣,石洁,等. 玉米病害发生现状与推广品种抗性对未来病害发展的影响[J]. 植物病理学报,2006,36(1):1~11.

16.BomfetiCA,MeireesWF. Evauationofcommerciachemicaproducts,invit-roandinviminthecontrooffoiardisease,maizewhitespot,causedbyPantoeaananatis[J]. SμmmaPhytopathoogica,2007,33(1):63~67.

17.郑雅楠.玉米细菌性叶斑病病原菌的分离与特性鉴定[D].沈阳农业大学硕士论文,2006.

18.吕爱淑,胡兰云.2006年我市玉米田除草剂药害的症状及主要原因分析[M].河南省植保新技术研讨会论文集.2006.

19.刘寿民,侯正明.甘肃陇东玉米螟生物学特性的初步观察[J].昆虫知识,2004,41(5):461~464.

20.孙广宇,王琴,张荣,等.条斑型玉米圆斑病病原鉴定及其生物学特性研究[J].植物病理学报,2006,36(6):494~500.

21.白金铠,潘顺法,姜晶春.玉米圆斑病菌生理小种鉴定结果[J].植物病理学报,1982,12(3):61~64.

22.郭满库,谢志军.瑞典麦秆蝇在春玉米上的发生与为害调查[J].甘肃农业科技,1997,(7):38~39.

23.王晓鸣,戴法超,廖琴,等.玉米病虫害田间手册-病虫害鉴别与抗性鉴定[M].中国农业科技出版社,2002.

24.商鸿生,王凤葵,沈瑞清,等.玉米高粱谷子病虫害诊断与防治原色图谱[M].金盾出版社,2005.

25.石洁,王振营.玉米病虫害防治彩色图谱[M].中国农业出版社,2010.

26.孟有儒.玉米病害概论[M].甘肃科学技术出版社,2005.

27.许志刚.普通植物病理学[M].第三版.中国农业出版社,2002.

28.孙智泰.甘肃农作物病虫害[M].甘肃人民出版社,1984.

29.魏鸿钧,等.中国地下害虫[M].上海科学技术出版社,1989.

30.朱国仁,等.新编蔬菜病虫害手册[M].金盾出版社,2011.

31.张炳炎.中国油菜病虫害及其防控技术原色图谱[M].甘肃科学技术出版社,2014.

32.孟铁男,朱富成.农作物病虫害防治技术[M].甘肃文化出版社,2008.

33.张炳炎.花椒病虫害及其防治[M].甘肃人民出版社,2003.

34.北京农业大学.农业昆虫学[M].农业出版社,1961.

35.北京农业大学.普通昆虫学[M].农业出版社,1961.

36.北京农业大学.农业植物病理学[M].农业出版社,1961.

37.西北农学院.农业昆虫学[M].人民教育出版社,1977.

38.蒲崇建,陈琳.农药科学使用技术[M].甘肃科学技术出版社,2010.

39.洪晓月,丁锦华.农业昆虫学[M].(第二版).中国农业出版社,2007.